最令学生着迷的百科全景

人类历史上 100个伟大发明

张哲 编

APGTIME 时代出版
时代出版传媒股份有限公司
安徽科学技术出版社

图书在版编目（CIP）数据

人类历史上100个伟大发明/张哲编. —合肥：安徽科学技术出版社，2012.11
（最令学生着迷的百科全景）
ISBN 978-7-5337-5510-2

Ⅰ. ①人… Ⅱ. ①张… Ⅲ. ①创造发明－世界－青年读物 ②创造发明－世界－少年读物 Ⅳ. ①N19-49

中国版本图书馆CIP数据核字（2012）第050328号

最令学生着迷的百科全景

人类历史上100个伟大发明

人类历史上100个伟大发明　　张哲　编

出 版 人：黄和平　　责任编辑：吴　夙　　封面设计：李　婷
出版发行：时代出版传媒股份有限公司　http: //www.press-mart.com
安徽科学技术出版社　http: //www.ahstp.net
（合肥市政务文化新区翡翠路1118号出版传媒广场，邮编：230071）
印　　制：合肥杏花印务股份有限公司

开本：720×1000　1/16　　印张：10　　字数：25万
版次：2012年11月第1版　　印次：2023年1月第2次印刷

ISBN 978-7-5337-5510-2　　定价：45.00元

前言

FOREWORD

岁月侵蚀着历史的年轮，留下了或者清晰、或者模糊的痕迹。当我们在不经意间抚摸那些凸凹不平的烙印时，突然发现历史竟是一块金子，时间的流逝使它蒙上了灰尘，但轻轻掠去浮尘却依然熠熠生辉。

回首往昔，曾经的许多发明与创新，在今天看来也许不值一提并且陈旧不堪，但今天的崭新世界，却完全得益于往昔那些智者们的奇妙创新。飞机、计算机、电话……这些伟大的发明无一不是众多发明家智慧的结晶，凝结着众多创新者的心血和汗水。

今天，当我们以怡然的微笑迎接未来的挑战，当和煦的春风拂过面庞，当归巢的鸟儿在头顶轻轻地盘旋，当繁荣装点城市，当人们安享舒适的生活、为我们的历史和文明骄傲时，我们也应当去追忆那些为这一切作出了巨大贡献的人们，因为正是他们让我们感悟到发明本身的价值和意义——那就是感人至深的科学精神。

目 录
Contents

Amazing Nature

神奇理化

Technical Creation

科技创新

Travel World

驰骋世界

Interesting Life

趣味生活

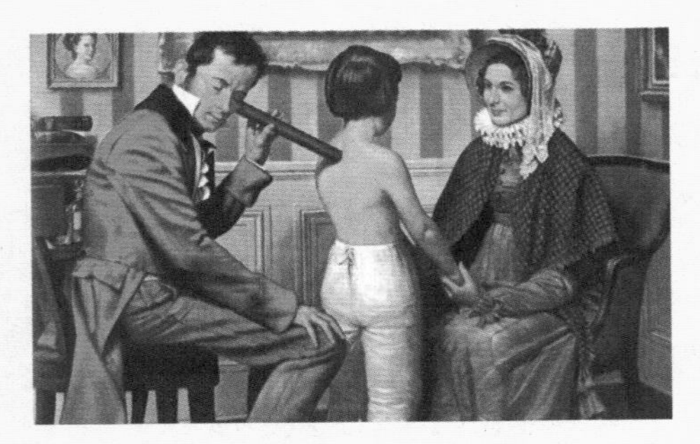

Brilliant Medicine

辉煌医学

Faster Communication

极速通讯

Top Weapon

顶级军事

历法

Calendar 记录时间的轨迹

日有升降，月有圆缺，春夏秋冬，斗转星移，仰望苍穹，从哪开始？从何结束？面对无穷尽的苍茫岁月，人类从未停止对它的探索思考，智慧的祖先们寻求了各种各样的方法，期望能够记录这历史的痕迹。

公元前 3000 年左右，生活在两河流域的苏美尔人已经设计出了一种相对简单的冬季和夏季历法。与此同时，古埃及的祭司正在创造着他们的 365 天历制。古埃及人认为，在洪水开始泛滥之前，那颗最亮的星——天狼星总是位于地平线上，所以无法看见。天狼星在古埃及被称为“梭西斯”，于是“梭西斯”上升就表示洪水的来临以及一年的开始。此外，古埃及祭司将一年分成 12 个月，每个月有 30 天。但他们用不着担心缺少的天数，只需 12 个月结束时加上额外的 5 天，就可以解决这个问题。这 5 天是“年的日子”，用来宴乐和举行宗教仪式，礼拜“梭西斯”，感激它滋润了土地。

从基督纪元开始直至其后的 1000 多年里，整个西方世界都采用恺撒历。这种历法因其创立者是伟大的罗马人恺撒而得名，它比此前的历法进步了许多。以前的历法只是一种随意的日期安排，常被人利用以达到政治目的，而伟大的尤利乌斯·恺撒下决心要一劳永逸地解决罗马历法中的种

阿努比斯神是帮助死者通往地下世界的神。相传，他因发明了制作干尸的方法而受到崇拜。埃及人认为，阿努比斯神帮助死者保存尸体，这样死者才能复活。在传说中，他被描绘为狼头人身的模样。

种问题。他于公元前 48 年访问埃及，与埃及的专家学者进行了长时间的讨论。亚历山大的天文学家孛西琴尼建议彻底放弃罗马之前使用的历法，重新启用共有 365 天的古埃及阳历，每过 4 年应当给 2 月额外增加一天。这部以恺撒名字命名的历法就是现在大多数国家通用的公历的前身。这种历法比较接近于现行历制的形式和准确性：每月不是 30 天就是 31 天，但次序和现行历不同，2 月例外，这和现在一样，但它在平时年份中是 29 天，在闰年却有 30 天。

形式简明的恺撒历使广大的群众能够记录时间，安排事务。但在几个世纪过去之后，这一历法仍然发生了很大的误差。到公元 16 世纪，其差异已经累计到了 10 天，教皇不得不从尤利乌斯·恺撒留下的问题入手，颁布敕令，强制推行历法改革。1582 年，教皇格里高里十三世发布敕令规定，除非一个世纪的最后一年能被 400 整除，否则，即使到了闰年，也不应增加额外的一天。这样，1600 年将是一个闰年，而 1700 年则不是，如此一来，每百年的误差就小到 26 秒。为了使历制和季节同步，格里高里十三世将公元 1582 年减少 10 天，10 月 4 日以后紧接着就是 10 月 15 日。为了助兴，他又将新年元旦恢复为原先的 1 月 1 日。我们现在所使用的公历，即是沿袭了格里高里十三世推行的历法。

中国具有悠久的农耕历史，古代劳动人民在农业、天文方面创造了灿烂辉煌的文明成果，同时也是世界上最早发明历法的国家之一。农历是中国最重要的传统历法之一，也被称为“阴历”“殷历”“古历”“夏历”和“旧历”等。农历属于阴阳历并用，一方面以月球绕地球运行一周为一“月”，平均月长度等于“朔望月”，这一点与阴历原则相同，所以也叫“阴历”；另一方面设置“闰月”以使每年的平均长度尽可能接近回归年，同时设置二十四节气以反映季节的变化特征，因此农历集阴、阳两历的特点于一身，也被称为“阴阳历”。至今几乎全世界所有华人、朝鲜半岛和越南等国家和地区，仍旧使用农历推算传统节日，如春节、中秋节、端午节等节日。

教皇格里高里十三世在 16 世纪罗马主持的一个会议中，提出了他的历法改革方案。

聪明的万年

相传在很久以前，我国有个名叫万年的小伙子，他勤劳勇敢，聪明好学。有一天，万年到山上去砍柴，因为太阳晒得太热，便坐在树荫下休息乘凉。这时，他看见地上的树影在随着太阳移动。受到启发后的万年不久便设计出了一个可以测日影、计天时的晷仪。但美中不足的是，当天气有雨或有雾的时候气晷仪就变得无法测量。后来，山崖上泉水的滴流又吸引了万年的注意，他又做了一个五层漏壶，这才形成了我国古代计时工具的雏形。

显微镜

Microscope 观察微观世界的“窗口”

当我们用肉眼看惯了这个世界的时候，一项伟大的发明——显微镜，却将人们带入了一个全新的天地。在它出现之前，人类观察世界的方式受到了一定的局限，在它出现之后，人们第一次看到了数以百计的“新的”微小生命。

1590年的一天，荷兰米德尔堡的眼镜制造技师哈里耶斯·约翰逊有事外出了，他的两个儿子便偷偷溜到爸爸的工作坊里去玩。当兄弟俩顺手拿起一些镜片，放进一个铜管里对着一本书看时，竟发出了惊讶的喊声：“呀！字母的一个小点大得像一只蝌蚪啦！”

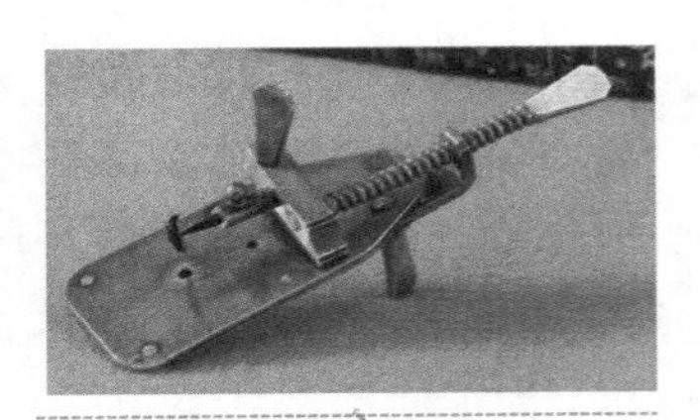

1675年，列文虎克自制的单式显微镜。

后来，爸爸听到了兄弟俩兴奋交谈的话，便将信将疑地走向工作台，拿起了那个铜管和两块镜片，果然也看到了奇迹，于是，约翰逊开始有意识地进行这方面的研制。不久，一架由一个双凸透镜和一个双凹透镜组成的仪器诞生了。由于它的放大率远远高于放大镜，因而人们将它称作显微镜。

列文虎克

后来，一位对看书和磨制镜片感兴趣的荷兰人列文虎克，经过多年的辛劳，终于在1675年磨制出一种放大率超过了200倍的显微镜。列文虎克用它来观察一滴积贮的雨水，却惊奇地发现其中有许多活动着的小生物。这数不清的小生物有的像曲线、有的像小棍、有的长着毛、有的有小尾巴……它们仿佛鱼儿往来穿梭不停，波浪似的在扭动、舞蹈。这便是人类第一次见到的微生物世界。

通过列文虎克的不断改进，人们得到了观测效果更理想的光学显微镜，然而到了20世纪20年代，光学显微镜已不能满足医学研究的需要了。1931年，德国物理学家恩斯特·鲁斯卡通过研制电子显微镜，使生物学发生了一场革命。他发现当电子束通过一个磁场时，就会像光通过透镜一样将物体放大。一般来说，电子要比光的波长小得多，因此能提供更大的放大倍数。鲁斯卡和同伴诺尔开始用电子束和聚焦线圈进行实验，来研究磁场线圈对电子束的效应理论。实验开始于1928年，到1933年底，鲁斯卡终于制造出了一台超级显微镜，放大倍数高达12000倍，已经远远超过了光学显微镜的分辨能力。

1931年，鲁斯卡发明出了世界上最早的电子显微镜。

目前，最常用的电子显微镜有两种。一种是通用式电子显微镜，是在一个高真空系统中，用电子枪发射电子束，穿过被研究的试样，经电子透镜放大，在荧光屏上显示出放大的像。另一种是扫描式电子显微镜，用电子束在试样上进行逐点扫描，然后用电视原理进行放大成像，显示在电视显示器上。

电子显微镜广泛应用于金属物理学、高分子化学、微电子学、医学和工农业生产等各个领域。我国研制成的第一台电子显微镜，可以放大80万倍，用它可看到病毒、单个分子以及金属材料的晶格结构等。世界上最先进的电子显微镜可放大到200万倍左右。通过它，人们可以挨个地观察直径只有0.3毫微米的原子；通过它，人们可以更自信地向微观世界深处进军。

1665年，英国科学家罗伯特·胡克自己制作的一台显微镜。

名人名言

要成功一项事业，必须花掉毕生的时间。

——列文虎克

童第周的故事

抗日战争期间，我国著名生物学家童第周在困难中仍坚持胚胎学研究，可是，没有试验设备成了他最发愁的事。

一天，他看见一个旧货摊上卖双筒显微镜，他像发现了宝贝一样兴奋，可是昂贵的价格相当于他和妻子当时两年的工资，他依依不舍地走了，第二天，童第周又回来了，发现价格又上涨了，就这样来回跑了好几天，最终变卖衣物，在好友的帮助下，买回了显微镜，进行他心爱的研究工作。

压力锅

Pressure Cooker 一场厨房中的革命

压力锅也叫高压锅，它是居家生活中最常见、最实用的一种理想炊具，那些难以对付的顽固肉食品，经它一煮很快就可以变得香软可口。非常有趣的是，这项发明被很多人冠以“不务正业”的名号，因为它是一个年轻人无心插柳的成果。

17世纪末，法国国王亨利四世疯狂迫害新教徒。为了逃离厄运，一个名叫丹尼·帕平的年轻人跑到瑞士避难。他沿着阿尔卑斯山艰难跋涉，一路上风餐露宿，渴了找点儿山泉水喝，饿了煮点儿土豆吃。

丹尼·帕平一举成名的是压力锅的发明。1698年，他曾在德国制造了一台蒸汽发动机。

有一天，帕平走到一座山峰附近，他觉得饿了，于是找了一些干树枝，架起篝火，煮起土豆来。水一直滚滚开着，土豆在里面煮了很久却依然煮不熟。为了填饱肚子，他无可奈何地把没煮熟的土豆硬吃了下去。这个偶然的事件给他留下了深刻的印象。

在国内时，帕平曾进行过蒸汽发动机、蒸汽锅炉方面的研究，在异国他乡的大环境中，他仍然没有放弃自己的研究，正因为如此，才引发了他对压力锅的发明。

几年后，帕平的生活有了转机，他来到英国一家科研单位工作。阿尔卑斯山上的往事令他记忆犹新，他决心寻找到其中的秘密。经过深入的研究，帕平终于有了合理的解释：大气压与水的沸点之间为正比例关系，大气压高时，水的沸点也高；大气压低时，水的沸点也低。高山上的大气稀薄，气压低，水的沸点也低，虽然水

开了，但热力不足，所以土豆很长时间也煮不熟。

在此基础上，他进一步联想到：如果用人工的办法让气压加大，水的沸点就不会像在平地上只是 100℃，而是会更高些，那么，高山上就能把东西煮熟，而平地上煮东西所花的时间就会更少。为了提高气压，缩短烹煮时间，帕平自己动手做了一个密闭容器，里面装了一些水，他想用外面不断加热的方法，让容器内的水蒸气不断增加，又不会散失，以达到使容器内的气压增大、水的沸点增高的目的。可是，当他睁大眼睛盯着加热容器的时候，容器内发出咚咚的声响。帕平吓坏了，只好暂时停止试验。

在高压锅没有发明以前，做饭是一件花费人们很多时间和精力的事情。

两年后，经过重新设计，帕平在锅体和锅盖之间加了一个橡皮垫，锅盖上方钻了个孔，这样，锅边漏气和锅内发声的问题就解决了。帕平把土豆放入锅内，点火，冒气，10 多分钟之后，土豆就煮烂了。

帕平造出了世界上第一只压力锅——“帕平锅”

然而，他并不满足，又先后煮鸡、煮排骨等肉质食品，在这些成功的试验的基础上，1681 年，帕平造出了世界上第一只压力锅——当时叫做“帕平锅”。他邀请英国皇家学会的会员们前来参加午餐会，实际上是对压力锅进行鉴定。厨师当着众多科学家的面，把 9 只活蹦乱跳的鸡宰了，塞进压力锅里，然后架到火炉上。那些高傲、挑剔的专家们一杯茶还没有喝完，一盘盘热气腾腾、香味扑鼻的清蒸鸡就上桌了。不仅鸡肉全煮熟了，而且连鸡骨头也软了。事实折服了在场的所有人，从此，帕平的压力锅就名扬四方了。

随着科技发展，压力锅在外观质量、安全性、技术方面均得到了较大的改进，它以快速、安全、自动、实用的特性，成为了现代时尚的新宠。

危险的“超期服役”

调查发现：消费者目前仍在使用的高压锅最长的已超过20年（国家规定为 8 年）。据消协系统最近一项调查显示：接受调查的消费者中有64%不知道家庭耐用消费品也有“安全使用期限”。中国消费者协会警示：高压锅、电冰箱等耐用消费品也有使用寿命，如过期使用则存在很多隐患，为了人身财产安全，尽量不要让家用电器“超期服役”。

化肥

Fertilizer 粮食的维生素

在人口急剧增长、耕地面积不断减少、土壤肥力退化的今天，粮食供应已成为全球面临的一大难题。怎样使粮食种植满足人们的需求？越来越多的科学家正在努力解决这一问题。

160多年前，德国著名化学家李比希的研究成果为化肥的诞生提供了理论基础，成为化肥史上一个新的开端。

李比希从小就对化学领域很感兴趣，他把所有的闲暇时间都用在了化学实验上。

李比希的父亲是一个经营无机盐和颜料的商人，他在闲暇时就用这些东西搞化学实验，所以李比希从小就被领进了化学领域，自幼酷爱化学的李比希在15岁时便离开了学校。18岁那年，他终于认识到，要想成为一名化学家，就必须有扎实的知识基础，这才进入了大学学习化学。

在埃尔兰根大学获得博士学位后，李比希回到家乡的一所大学教书。在那里，他开创性地建立了学生普通实验室，并以极大的热情投入到了有机化学这个新领域中。

李比希任教的学校紧挨着的一大片农田逐年减产，农民们便找到李比希，向他讨教如何给土地增加营养。在翻阅了大量的资料后，李比希发现东方古老的中国、印度等地的农民为了使庄稼丰收，不断地给土地施用人畜粪便。他想，粪便中可能含有使土壤肥沃的成分，使庄稼吸收到生长所需的物质。有没有一种东西具有粪便的功能，使庄稼增产呢？

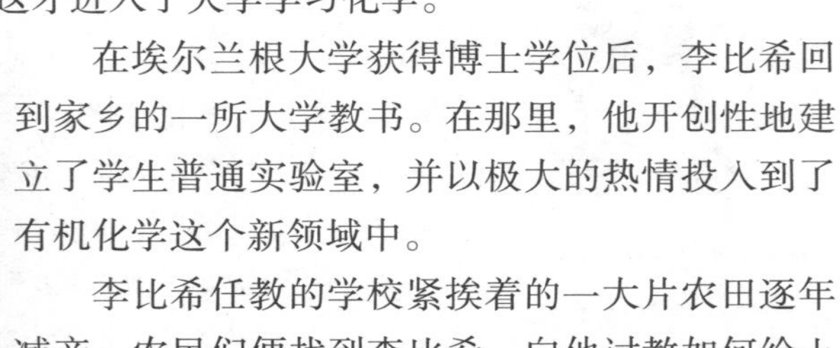

“耕地到底缺乏什么？”李比希为了找到答案，开始在自己的实验室中工作。他发现氮、氢、

氧这3种元素是植物生长不可缺少的物质，而且钾、石灰、磷等物质对植物的生长发育有一定的促进作用。在做了大量的实验后，李比希开始把研制出含有无机盐和矿物质的人工合成肥料作为自己的目标。

1840年的一天，李比希把自己新研制出的世界上第一批钾肥和磷肥小心地施在试验田里，可是，一场大雨却将化肥晶体渗入到土壤深层，而庄稼的根部却大多分布在土壤浅层。收获季节到了，庄稼没有丝毫增产的迹象。

接下来的工作就是将这些化肥晶体变成难溶于水的物质。于是，李比希又开始了新的探索。这一回，李比希把钾和磷酸盐晶体合成为难溶于水的盐类，并且加入了少量的氨，使这种盐类成为含有氮、磷、钾3种元素的白色晶体。

这一次，他们选择在一块贫瘠的土地上进行试验。过了一段时间，农民们惊奇地发现那块被废弃的“不毛之地”竟长出了绿油油的庄稼。令人惊奇的是，这些施过白色晶体的庄稼竟然比农民们良田里的庄稼更为茁壮。

成功的消息像插上翅膀一样传开了，李比希成为农民们敬仰的人，“李比希化肥”被广泛应用于农业生产中。无论过去、现在、还是可以预见的将来，再也找不到任何一门其他工业比化肥工业更直接关系到国计民生了……

化肥让农作物得到充足的养料，得以茁壮成长。图为宣传化肥的海报。

李比希在吉森大学担任化学教授时，建立的化学实验室。

爱做实验的孩子

童年时代的李比希对实验和观察有着浓厚的兴趣，由于家中有许多化学药品，因此他经常自己动手做化学实验，还把父亲店铺后边的厨房改造成自己的实验室。有一次，李比希在做雷酸汞的实验时引起了爆炸，震动了整个楼房，屋顶的一角也被炸毁了，但他本人没有受伤。

对于这件事，李比希的父亲并没有责备他，反而说他有胆量、有追求精神。每当李比希回忆往事时，他都深有感触他说：“是童年的化学实验，激发了我的想象力和对化学的热爱。”

塑料

Plastic 材料领域的新军

从远古的石器时代到青铜器时代，再到铁器时代，直至今天纷繁复杂的世界，材料领域的每一次重大变革都对人类产生直接重大影响。材料是我国 21 世纪三大支柱产业之一，现代工业和日常生活都离不开它，而塑料则是其中必不可少的组成部分。

Phone Holder Has Bell in Base

A NEW telephone holder, designed to eliminate unsightly bell boxes from walls and desks, contains both bell and wiring connections in its base.

It is constructed entirely of bakelite, is 5¾ inches wide and 7¾ inches deep. Due to its compact arrangement, it can accommodate all the standard equipment in this small space.

The holder is designed to work either with or without the dial arrangement.

早期采用塑料作为底座的电话机

最初塑料的产生是英国伯明翰的化学家亚历山大·帕克斯在暗房里实验的结果。

帕克斯不仅是一位化学家，同时也是一名摄影爱好者。在照片后期制作中，常常会用到一种叫“胶棉”的溶液。1855 年，他在试验处理胶棉的几种方法时，试着把胶棉与樟脑混合，结果竟产生了一种可以弯曲的硬材料，帕克斯将其取名为“帕克辛”，并在 1862 年的伦敦国际博览会中展出。后来，帕克斯用“帕克辛”制成梳子、笔、纽扣等，并设立公司生产。虽然最终他因缺少商业意识而破产，但其成果被后人借鉴，制成了最早的塑料——“赛璐珞”。

“赛璐珞”的发明最初是为了娱乐而不是为了工业生产的需求，这一点似乎颇具戏剧色彩。1868 年，一家制造台球的公司抱怨象牙短缺，出资 1 万美元征求象牙的最好替代品。这种替代品必须满足台球有关硬度、弹性、抗热、防潮和没有纹理等方面的要求。来自美国纽约市奥尔班尼的印刷工约翰·韦斯利·海亚特看准了这个机会，他改进了帕克斯的制造工艺，于 1869 年用一种他称之为“赛璐珞”（意为假象牙）的物质造出了廉价的台球。

“赛璐珞”是第一种用化学方法制成的塑料。后来，海亚特又用“赛璐珞”制成各种日用产品：假牙、刀柄、镜框等。也正是用“赛璐珞”，人们造出了第一种实用的照相底片，后来“赛璐珞”塑料几乎成为电影工业的同义词。

但是，早期的塑料容易着火，这大大限制了它的实用范围。而第一个真正意义上的塑料——全合成塑料，是在1909年由利奥·贝克兰用苯酚和甲醛制成的酚醛塑料，这是一种性能良好的耐高温的塑料。

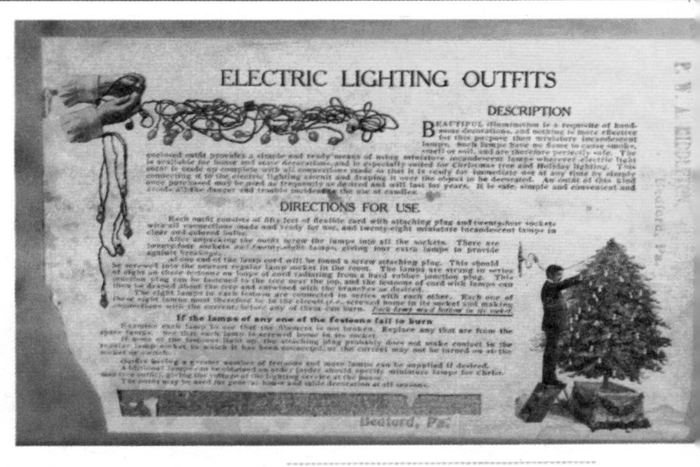

塑料圣诞树采用优质的塑料制作而成，外观设计为一个用蓝色纱布装饰的底座，上面是一棵松树，结着松果，枝头有蓝色的小果实和蓝色的纱布作为装饰。

1904年，美国化学家利奥·贝克兰开始研制能代替天然树脂的绝缘漆。通过对苯酚与甲醛之间反应的深入研究，贝克兰终于在1907年的夏天有了新的发现——在一定的条件下，这种反应会生成一种树脂，在其中加入木粉后，继续在高压下加热，会变得柔软可塑，而且在变硬后，模塑的形状就被永远地保留下来了；而当树脂变硬后将其研制成粉末，装入模子后，再通过加热加压就可以使之重新合为一体。并且，这种树脂还有一个特点，就是一般不受周围环境影响。1909年，贝克兰对这种热固性材料——酚醛树脂，申请了专利。

酚醛树脂问世后，人们发现它不但可以制造多种电绝缘品，还能制造日用品，爱迪生用它来制造唱片，并在广告中宣称：已经用酚醛塑料制出上千种产品。于是，一时间人们把贝克兰的发明誉为20世纪的“炼金术”。他也因这项意义深远的发明被称为“现代塑料工业的奠基人”。

伴随着石油化工的发展，聚合型的合成树脂如：聚乙烯、聚丙烯、聚氯乙烯以及聚苯乙烯的产量也不断扩大，当今，它们已成为产量最多的四类合成树脂。合成树脂再加上添加剂，通过各种成形方法即得到塑料制品，今天塑料的品种有几十种，全球产量巨大，它们已经成为生产、生活及国防建设的基础材料。

塑料毛衣

西班牙西北部奥洛特一加龙省的一家纺织品公司用塑料为原料织出了毛衣，他们称这个创举是对传统毛衣的一次“革命”。

据有关专业人士称，这种新型毛衣的原料是制造饲料、汽水瓶的聚丙烯，每件售价达60美元，产品主要销往欧洲各国及美国、日本等。与普通毛衣相比，塑料毛衣具有洗后干得快、免熨烫；毛衣表面不会起小毛球；磨损少、经久耐用、穿破后的毛衣还可重新编织多次使用的优点。

真空三极管

Vaccum Triode 电子时代的真正来临

真空三极管在电子工业中占有非常重要的地位和实用价值，有人将之称为“无线电的心脏”。它的发现促成了无线通信技术的迅速发展，真正标志着人类科技史进入了一个新的时代——电子时代。

真空三极管的发明者是美国科学家德弗雷斯特。他幼年时的理想是做个机械技师，但很快被19世纪末科技的飞速发展所激励，科学研究成了他一生的奋斗目标。

德弗雷斯特读大学时参观了在芝加哥举行的世界博览会，博览会上那绚烂的灯光让他着迷，德弗雷斯特由此发现了电学的魅力，他决心把电学作为自己的终生奋斗目标。从此，德弗雷斯特如饥似渴地学习电学知识。

有一次，他在一本杂志上读到介绍无线电收发报机发明人马可尼的文章。德弗雷斯特很佩服马可尼，梦想着拜马可尼为师。机会很快就来了，1899年，马可尼来到美国，他要用自己的无线电装置报道国际快艇比赛的实况。马可尼在成功地报道比赛盛况之后，在美国的一艘军舰上做了无线电通讯表演。

德弗雷斯特在马可尼试验无线电成功的情况下，发明了电解检波器和交流发射机。1906年他发明了真空三极管。

表演结束后，德弗雷斯特抓住机会向马可尼做了自我介绍。马可尼从谈话中感到德弗雷斯特的电学基础不错，并且很有创造思想，便指着发报机里的小玻璃管对他说：“要进一步增大通讯距离，必须改进金属检波器。我现在还没有想出好办法，希望你能在这方面做出贡献！”

马可尼的话对德弗雷斯特的启发很大，

他为自己确定了一个研究方向。为了一心一意地做好这个课题，他辞去了原来的工作，从旧货摊上买来电瓶、电键、线圈等装置和组件，开始做实验。由于德弗雷斯特原本家境就不富裕，再加上辞去工作，因此，生活变得十分贫寒。为了维持生活，他给富家子弟补习功课，到餐厅去洗盘子……尽管艰苦，但这些都没能动摇德弗雷斯特的信心和决心。

英国工程师约翰·弗莱明于1904年用爱迪生效应发明的真空二极管。

1904年的一天，德弗雷斯特正在实验室里做真空管检波试验。忽然，一位朋友气喘吁吁地跑来，告诉德弗雷斯特英国的弗莱明博士发明了真空二极管的消息。对德弗雷斯特来说，这仿佛是一个晴天霹雳，经过短暂的犹豫和思想斗争，德弗雷斯特果断而坚定地选择了继续。于是，德弗雷斯特又一头扎进了研究工作中。他请一位技师制作了几个真空管，对真空管的性能进行检测，以寻找进一步提高的方法。

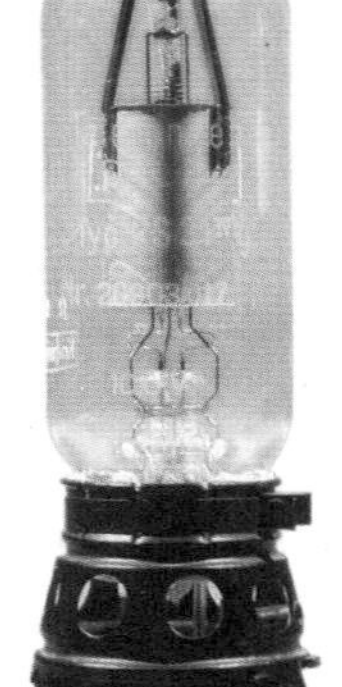

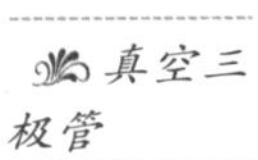

真空三极管

幸运总会垂青有毅力的人。一天，德弗雷斯特为了试试屏极距阴极远近对检波的影响。在真空二极管的灯丝和屏极之间封进了第三个电极，即一片不大的锡箔。他惊奇地发现：在第三极上施加一个不大的电信号，就会使屏极电流产生相应变化。第三极对屏极电流具有控制作用！这也正是德弗雷斯特长久以来梦寐以求的信号放大作用！

这一发现让德弗雷斯特备受鼓舞，为了验证准确，他又重复做了几遍实验，结果证实这种物理效果确实存在。他还发现，用金属丝代替小锡箔，效果更好。于是，他把一根白金丝制成网状，封装在灯丝和屏极之间。就这样，世界上的第一个真空三极管诞生了！

1906年6月26日，德弗雷斯特发明的真空三极管获得美国专利。后来，人们把这一天当做真空三极管的诞生日。

艰难的历程

德弗雷斯特发明的真空三极管一开始并不被人们所承认，他甚至因宣传真空三极管的作用被人控告成“公开行骗”，上了法庭。据说，为了让人们了解真空三极管的“魔力”，德弗雷斯特用真空三极管把信号放大，让人们倾听苍蝇在纸上走动的脚步声。参加试验的人赞叹不已，他们称“苍蝇的脚步声很像步兵穿着军靴时操练的声音”。至此，真空三极管的“不可思议”被广为接受。

侯氏联合制碱法

The Hou's Process 开创世界制碱工业的新纪元

随着工业的发展，天然纯碱越来越不够用，工业制碱法却一直被西方国家所垄断。中国人侯德榜经过潜心钻研，不仅摸索出了欧洲国家制碱法的奥秘，而且还在1943年创立了“侯氏联合制碱法”。至此，少数国家垄断制碱业的时代一去不复返了。

纯碱在工业上用途极为广泛，自然界中存在着天然纯碱，出产天然纯碱的地方都是干旱少雨的地区。盐湖中的天然纯碱在气候干燥和气温下降时便结晶出来，把结晶溶解在水中，除去泥沙，再经过熬制，就得到纯碱。古埃及人很早就把从干涸的湖泊中得到的纯碱用作清洁剂和防腐剂。后来，欧洲人用纯碱制造玻璃，把纯碱叫做“苏打”。

伴随着工业的发展，天然的纯碱越来越不够用，于是出现了工业制碱，但纯碱的制造方法一直被英、法、美等国作为一项保密技术，其他国家根本无从获知。英国卜内门公司曾建立了大规模生产纯碱的工厂，其生产方法采用的是比利时人索尔维创制的“索尔维制碱法”。除技术保密外，在销售上也有限制，他们采取分区售货的方法，例如中国市场就由英国卜内门公司独占。多少年来，许多国家的厂商想要探索此法的奥秘，无不以失败而告终。

然而，中国的化学家侯德榜深信，制碱技术绝不是洋人的私有财产，凭借中国人的聪明才智，一定能打破外国的技术垄断。

1876年，在巴黎举办的国际博览会上，比利时人索尔维因提供的纯碱展品质地纯净而获得铜质奖章。

1921年10月，侯德榜留学回国后，出任范旭东创办的永利碱业公司的总工程师。他精通业务、知识广博，在他的带领下，技师、工人们团结一心，为建成中国自己的碱厂而奋战。经过近10年的努力，侯德榜终于摸索出了索尔维制碱法的奥秘。为了支持我国的化学事业，范旭东支持侯德榜把其中的奥秘无偿地公之于世，使工业落后的国家不再仰仗技术大国的鼻息，不再听从大国的摆布。

索尔维发明了以食盐、氨、二氧化碳为原料制取碳酸钠的“索尔维制碱法”（又称氨碱法）。在此之后，许多国家相继建立了大规模生产纯碱的工厂。

侯德榜还于1933年撰写出版了《纯碱制造》，该书刚一问世就轰动了整个科学界，被誉为“首创的制碱名著”，它使很多不发达的国家掌握了制碱技术。后来，侯德榜还亲自到印度和巴西，帮助建设碱厂。这不但是中国科学家对人类的一大贡献，也反映了侯德榜不求名利，一心为人民服务的高尚品德。

后来经过进一步的研究调查，侯德榜决定改进索尔维法，开创制碱的新路。他仔细揣摩了索尔维法的制造过程，认为这种方法的主要缺点在于：两种原料反应时只利用了一半，即食盐中的钠离子和石灰中的碳酸根结合成纯碱，食盐中的氯和石灰中的钙结合成了氯化钙，却没有实际用途。

针对以上生产中不可克服的种种缺陷，侯德榜创造性地设计了联合制碱新工艺。这个新工艺是把氨厂和碱厂建在一起，联合生产，由氨厂提供碱厂需要的氨和二氧化碳。母液里的氯化铵用加入食盐的办法使它结晶出来，作为化工产品或化肥，食盐溶液则可以循环使用。

1941～1943年抗日战争时期，环境相当艰苦，但为了实现这一设计，侯德榜仍兢兢业业地工作。他在经过500多次循环试验，分析了2000多个样品后，才把具体工艺流程定下来。新工艺不仅使食盐利用率从70%提高到96%，而且使原来无用的氯化钙转化成化肥氯化铵，解决了氯化钙占地毁田、污染环境的难题。侯德榜制碱新方法把世界制碱技术水平推向了一个新高度，赢得了国际化工界的极高评价。1943年，中国化学工程师学会一致同意将这一新的联合制碱法命名为侯氏联合制碱法。

无私的分享

1947年，侯德榜受聘于印度塔塔公司，5次赴印度指导该公司碱厂的设备和技术，使其正常运转，产出优质纯碱。此举受到印度第一任总理尼赫鲁的大加赞赏，引以为中印两国人民友谊的典范。

人工降雨

Rainmaking 给云层播种

人类只有掌握了自然规律，才能很好地利用和改造自然，为自己服务。过去，人们不了解雨的形成原因，在干旱的日子里，只能听天由命。现在，人们掌握了雨的成因，如果自然界久不下雨，就进行人工干预，在改变天气变化条件的情况下实施人工降雨。

文森特·谢弗(前)和朗缪尔博士(左)在一起做干冰实验。

雨来自云，有云才有可能下雨。我们知道，云是由许多小水点或小冰晶构成的。当空中含的水蒸气较多时，水蒸气还会在小水点或小冰晶的表面继续凝结。当小水点或小冰晶大到空气再也托不住时，就会向下降落。而人工降雨则是根据雨是水蒸气受冷凝结成的原理，用飞机、火箭等在天空中向云里喷洒制冷剂，让天空中的水蒸气迅速凝结成水滴，从而使云层中的小水点增多、变大，从而形成雨。说起人工降雨的发明，这儿却有一个鲜为人知的过程。

早在20世纪40年代，人们就发现在高空飞行的飞机机翼上会结冰——这对飞行来说是非常危险的。由于战争的需要，飞机被用到战场上，同时这个问题也受到了很大的重视。为此，当时的美国纽约州通用电气公司聘请著名科学家朗缪尔博士研究解决这个问题。

年轻的文森特·谢弗作为助手，随同朗缪尔博士来到大雪纷飞的新罕布什尔山区做试验。在这里，他们惊奇地发现：周围云层的温度虽然经常低于冰点，但云中的水分却不结冰，也未形成雨或雪。谢弗是一个喜爱雪的滑雪爱好者，这个现象引起了他的浓厚兴趣。

当时，人们对雨雪形成的根本原因并不清楚。比较流行的观点有一种，认为水滴是凝聚在灰尘或其他物质细小颗粒周围的，没有这细小的内核，水滴就无法形成。有人据此做了试

验，但并没有得出确切的结论。

二战结束后，谢弗决心把雨雪形成的原因弄清楚。他用一部能够制造类似云中冷湿气体的机器进行了试验，并且往里面投入各种诸如粉尘、泥土、盐、糖之类的物质，期望能看见水滴的形成。然而，凡是能想到的材料都试过了，而试验的结果总让人失望。

文森特·谢弗在仔细地观察着天气的细微变化，他在努力地为实验做一切充足的准备。

一个炎热的夏日，谢弗冒着酷暑继续在制冷器中做试验。午饭时间到了，谢弗走时照例让制冷器的盖子朝上——因为冷空气下沉，不会从盒子里跑掉。午饭过后，谢弗又回到制冷器前。他意外地发现冷冻箱的温度上升了。略一沉思，谢弗恍然大悟：原来，制冷器的盖子没有盖上，因而受周围热空气的影响，冷冻箱的温度也上升了。

为了继续进行试验，必须迅速降低温度。于是，他向制冷器内投入了一些干冰。在投入干冰的同时，谢弗正好向制冷器内哈了一口气。就在这时，奇异的现象出现了：在他哈气时，谢弗看见制冷器内一些细小的碎片在闪烁发亮。他立刻明白了，这正是他望眼欲穿的冰的晶体！他不停地向制冷器内哈气，并且投入大量的干冰，但见冰的晶体变成了小小的雪花飘荡起来。

人造雪花就在这样的意外中产生了。谢弗和朗缪尔决定到空中去试验一番。他们热切地期盼着冬季的到来，因为只有在寒冷的冬天，大气的温度才足够冷。终于到了11月的一天，户外天气很冷。谢弗驾着一架飞机，在云层上方撒下大量的干冰。留在地面观察的朗缪尔抬头密切地注视着天空。忽然，他看见无数的雪花飘飘洒洒地从天而降。这些雪花落在他的脸上化成了水滴。此后朗缪尔博士又发现干冰的碎片要小到豆粒，才能造成足够的雪以产生大量的雨。

就这样，谢弗用干冰实现了人工降雨，将“呼风唤雨”从一个古老的神话变成了活生生的现实！后来，美国通用电气公司的本加特又对谢弗的人工降雨方法进行了改良，他用碘化银微粒取代干冰，使人工降雨更加简便易行。

曲折的经历

文森特·谢弗曾在家乡斯克内克塔迪的通用电气公司机械车间工作，后来弃工就学，改行去搞植物病虫害防治。由于经济拮据，他又回到通用电气公司，拾起了室内工作，但这一次他幸运地受到了美国科学家朗缪尔的重视，1933年，谢弗成了朗缪尔的助手。之后，他同朗缪尔一同投入了人工降雨的研究，最终发明了干冰降雨法。

晶体管

Transistor 微电子革命的先声

晶体管在发明后的很短时间里，便在电子领域完成了一场真正的革命。小到人们日常生活中的助听器、收音机、录音机和电视机，大到实验室仪器、工业生产及国防设备都离不开它。毫不夸张地说，晶体管奠定了现代电子技术的基础。

1948年6月的一天，在美国贝尔实验室外的一个房间里，一架样式很普通的收音机正在播放轻柔的音乐，许多参观者在驻足观看。为什么大家都对这台收音机情有独钟呢？原来这是世界上第一架不用电子管，而代之以一种新的固体组件——晶体管的收音机。

在晶体管发明之前，电子管器件历时40余年，一直在电子技术领域占统治地位。但不可否认的是，电子管十分笨重，存在耗能大、寿命短、噪声大、制造工艺复杂等缺点。因此，人们一直在努力寻找新的电子器件来替代它。

19世纪末，人们发现了一种新材料——半导体，但直到第二次世界大战爆发后，半导体器件微波矿石检波器在军事上发挥了重要作用，半导体才引起了人们的关注。许多科学家纷纷投入到半导体的深入研究中。经过紧张的研究工作，三位美国物理学家肖克利、巴丁、布拉顿捷足先登，合作发明了晶体管——一种三个支点的半导体固体组件。它的发明开创了固体电子技术时代。他们三人也因而共同获得了1956年的诺贝尔物理学奖。

威廉·肖克利（坐者）、沃尔特·布拉顿（右）、约翰·巴丁（左）在贝尔实验室。

最初，他们采用肖克利提出的场效应概念来研究晶体管。他们仿照真空三极管的原理，试图用外电场控制半导体内的电子运动。但实验屡屡失败。经过无数个不眠夜的苦苦思索，巴丁又提出了表面态理论。这一理论认为表面现象可以引起信号

放大效应。表面态概念的引入，使人们对半导体结构和性质的认识前进了一大步。布拉顿等人在实验中发现，当把样品和参考电极放在电解液里时，半导体表面内部的电荷层和电势发生了改变，这正是肖克利预言过的场效应。

这个发现使大家十分振奋，他们加快研究步伐。谁知，继续实验时却发生了与以前截然不同的效应。新情况把他们的思路打断了，渐趋明朗的形势又变得扑朔迷离。

然而，肖克利小组并没有畏缩、泄气，他们团结一致，紧紧循着茫茫迷雾中的一丝光亮。经过多次分析、计算和实验，1947年11月17日，巴丁和布拉顿把两根触丝作为电极放在锗半导体芯片表面上，当两根触丝靠近时，放大作用发生了。在当年的12月23日，肖克利小组的科研成果得到专家的肯定，世界上第一只晶体管宣告诞生。

尽管最初的晶体管原始且笨拙，但它在当时却是一个举世震惊的突破。晶体管的发明，终于使体积大、耗能多、易碎的真空管有了替代物。同真空管相同的是，晶体管能放大微弱的电子信号；不同的是它廉价、耐久、耗能少，而且在科技高速发展的今天它几乎能够被制成无限小。

1999年9月，法国原子能委员会的科学家研制出当今世界上最小的晶体管，这种晶体管直径仅为20纳米。如果将这种晶体管放进一片普通集成电路中，就好像一根头发丝被放在足球场的中央一样。

如今，小小的晶体管正在我们生活中的各个领域发挥着它不可忽视的作用。

早期的收音机由于使用电子管，大多体型大、耗电量多和重量大。晶体管的发明，使收音机的小型化得以实现。这是最早一批使用晶体管的收音机。

世界上第一个晶体管的模型

微电子技术的蓬勃发展

在晶体管技术基础上迅速发展起来的集成电路，为人们带来了微电子技术的迅猛发展。微电子技术的不断进步，又极大地降低了晶体管的成本。1960年，生产1只晶体管需10美元，而今天，1只嵌入集成电路的晶体管成本还不到1美分。低廉的生产成本使晶体管的应用变得更为广泛了。

特氟隆

Teflon 独一无二的高性能涂料

当你用普通的锅煎鱼、煎蛋时，很容易出现食品被锅底粘住的现象。而选用不粘锅烹饪时，就不会出现这种情况。原来，它的神秘之处就在于其内侧表面，涂了一层特别的高分子材料——特氟隆。

今天，许多家庭都用上了不粘锅，用这种锅煎鱼、煎蛋，可以使鱼皮、蛋皮完整光滑，烧饭也不会粘锅底。另外，这种锅清洗起来也十分方便。这种新巧的发明颇受家庭主妇和厨师们的欢迎，它为人们减轻了繁重而又单调的家务劳动，大大改善了人们的生活条件。

涂有特氟隆的平底锅

1938年，美国杜邦公司的化学家罗伊·普伦基特博士正在开发一种新型制冷剂——四氟乙烯，这是一种无毒、不会燃烧的气体。平时，普伦基特总是在试验结束时将气瓶放入冰箱，可是，有一次他遗忘了一只气瓶，这只气瓶就这么在实验室的桌上放了几天。后来，气瓶里的气体聚合成固态，经研究这是一种被称为塑料王的碳氟树脂——聚四氟乙烯，也就是人们常说的特氟隆。

越来越多的家庭选择使用不粘锅烹饪

特氟隆的化学性能十分稳定，与大多数高分子材料一样具有耐酸性、耐腐蚀性等特点，另外，它还有耐热性、防水性等独特的性质，特氟隆的这些性质决定了它可以作为一种十分优良的表面膜。起先，人们用它涂在枪筒内作为减少子弹摩擦用的“固体润滑剂”。而特氟隆能够与锅联系起来要归功于法国的格雷瓜尔夫妇。

1955年，法国工程师马克·格雷瓜尔

将特氟隆用在他的钓鱼线上，这样，钓鱼线特别滑溜，不粘水草，也不会绕成一团分不开。一次，当格雷瓜尔向正在煎鸡蛋的夫人炫耀他那特别的钓鱼线时，正为鸡蛋粘锅而不耐烦的妻子发火了："我天天用平底锅煎鸡蛋，老是粘锅，你有本事解决吗？"

妻子的埋怨触动了格雷瓜尔。于是，格雷瓜尔把自己的想法告诉了另外一名工程师，接着俩人开始了研究。起初试验很不理想，特氟隆真是名副其实的"不粘"，它在−260～330℃之间，不受化学品、水分、阳光或热力的影响，完全没有黏性，甚至连口香糖也粘不上。但是，格雷瓜尔并不气馁，经过几年的潜心研究，做了成千上万次的试验后，他终于掌握了最佳的配方、温度和操作工艺，成功地将特氟隆材料涂在锅底上，制造出了家庭用的平底不粘锅。

涂上特氟隆的不粘锅不仅美观，而且传热均匀，更主要的是，它耐酸碱，烧好的菜长期放在锅中都不会对它产生丝毫腐蚀。格雷瓜尔在制成不粘锅后不久就成立了名为"泰法尔"的特氟隆食品公司。

特氟隆不仅促成了不粘锅的发明，而且还开启了人们的发明思路，使特氟隆找到了其他许多用武之地。比如，人们将它涂在压面机的碾棍上，涂在做糕饼的模子里，那些碾棍、模子连一点面粉、糖浆都粘不上；有人还将它涂在钢笔尖上，吸好墨水的笔尖根本不需要拿纸去擦净，因为那上面滴水不粘。

特氟隆喷雾剂

利用特氟隆制成的钢笔

用途多多

由于特氟隆具有惰性特性，与其他物质不会发生反应，所以它的这种特性被广泛应用在各个领域。在制造原子弹过程中，人们把特氟隆涂在容器上，使容器避免受到铀化合物的腐蚀；20世纪50年代末期，宇航工程师也开始使用特氟隆，把它制成绝缘电缆、耐热瓷砖以及宇航服的保护层；随着科学技术的不断进步，如今研究人员又用特氟隆开发出受人欢迎的医疗产品，比如人工关节、心脏瓣膜和动脉。

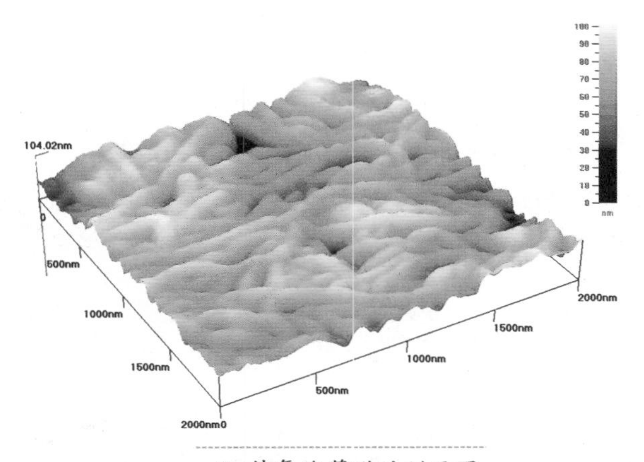

特氟隆薄膜的剖面图

文字

Writing System 来自神的启示

文字是人类最辉煌的发明。人们用文字记载历史、表达思想、抒发情感，乃至创造世界。一切有形者，经这里塑造；一切无形者，在这里完成。文字具有难以言说的魔力，以至于创造它的人不得不相信它来自神的启示。

文字起源于绘画，最早的绘画文字见于旧石器时期的洞壁。这种文字中的图画是各种事物的记号，跟讲话无关，没有也不可能有词法或句法。

能读出声音是文字的一大进步。当人们在长期的实践中，把某个代表实物的记号与语言中的某个发音联系起来并把这种联系固定下来的时候，真正的文字也就产生了。

迄今所知的最早文字之一——楔形文字，是由生活在两河流域的苏美尔人创造的。他们用一头削尖的芦苇将文字写在软泥板上。这种文字笔画一头粗一头细，形如楔子，因此被考古学家叫做“楔形文字”。它不仅可以书写苏美尔语和阿卡德语，而且能够书写其他语言，成为早期的一种较为成熟的文字体系。

最初，苏美尔人将书写符号用于农牧业记账，由简化的线条构成，直接模拟所指的物体。随着时间的推移，楔形文字不再只是代表它们所图示的对象，渐渐在上下文中获得更广泛的含义。每个符号都可能具有若干种意义，每种意义视上下文而定。同一符号的读音，随其意义的变化而不同，因此

尼罗河畔的埃及产生的象形文字——圣书字

文字便成为记录口头语言的体系；随着社会的不断发展，语言系统的不断扩充，文字则成为表达和沟通思想的工具。

大约公元前3000年左右，在尼罗河畔的埃及产生了一种与楔形文字风格迥异的象形文字——圣书字。楔形文字简朴而抽象，几何特征明显，而圣书字则具有十足的绘画性，非常有诗意；楔形文字起初只是辅助记忆的工具，后来才慢慢发展成书写系统，圣书字却一开始就是成熟的书写文字，它几乎能记录全部的口语，既能表现具体事物，也能充分表达抽象概念；楔形文字是刻在泥板上的，而圣书字则是刻在石碑或写在柔软的纸莎草纸上的。

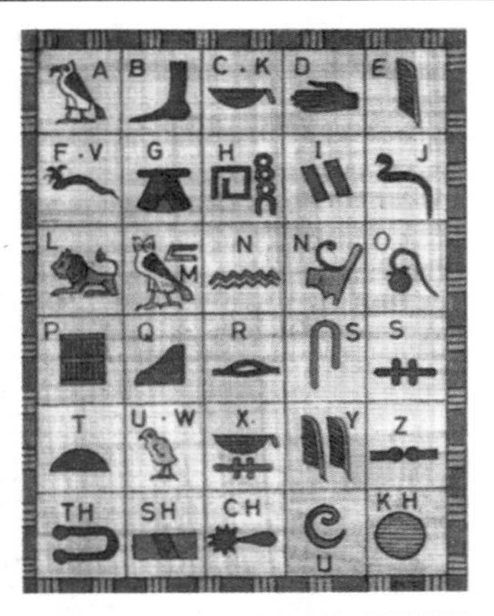

古埃及的象形文字产生于公元前4000年左右，由表意、表音和部首三种符号组成。

大约在3400年前，埃及人又演化了一种书写更为流畅的草书体，这种字体因为最早由僧侣开始使用，所以称作“僧侣体”。到公元前650年左右，出现了一种更为简便、有更多连带笔画的书写体——“大众体”。随着书写形式的变化，圣书字离原始字形越来越远了。

大约公元前2500年，在古老的东方黄河流域，中国人创造了自己的一套文字系统——汉字。同埃及人一样，中国人也把文字归之于神的创造。传说黄帝的史官仓颉从鸟兽的足迹中获得体悟而创立了汉字。尽管这是一段传说，但它恰恰说明了最初的汉字也是象形文字，汉字正是以象形文字为基础发展起来的。中国古代的学者归纳了祖先造字和用字的条例，得出了汉字的6种造字原则，即象形、指事、会意、形声、转注和假借。

古代汉字传到朝鲜、日本和越南，一度成为这些国家官方交际、学术研究与文艺创作的手段，对这些国家的文化产生了深远的影响。

现在，世界各国的文字体系之中，除了中国等少数国家仍在使用表意性的文字以外，其他大部分国家均使用字母文字。

仓颉造字

传说仓颉有一年到南方巡狩，途中看见一只大龟，龟背上有许多青色花纹。仓颉觉得稀奇，就取来细细研究。他看来看去，发现龟背上的花纹竟是有意义可通的。他想花纹既能表示意义，如果定下一个规则，岂不是可以用来记载事情？后来，仓颉日思夜想，到处观察，看尽了天上星宿的分布情况、地上山川脉络的样子、鸟兽虫鱼的痕迹、草木器具的形状，描摹绘写，造出种种不同的符号，并且定下了每个符号所代表的意义。后来这些符号推广开后，人们便称之为“字”。

造纸术

Papermaking 影响人类知识传播的革命

纸是人类文明和文化科学得以记载、积累、传输和发展的物质基础。如今，伴随着纸的质量不断提高和新品种的不断涌现，其应用已扩展到日常生活、医疗卫生、商业和工农业等各个领域。

我们的祖先最初把文字刻在龟甲或兽骨上，称为甲骨文。商周时代，又把需要保存的文字铸在青铜器上或刻在石头上，称为钟鼎文、石鼓文。春秋时期，人们开始把文字写在竹片或木片上，称为简牍。另外，也有用绢帛写字的，但材料十分昂贵。在这种情况下，蔡伦改进了造纸术，使纸可以被普通人用得起。

古埃及人把莎草外层除去后，将里面的芯剖为长条，排列整齐，连接成片，做成两层。将上下层叠在一起经过敲打之后，于是莎草纸就做成了。

蔡伦总结了前人造纸的经验，带领工匠用树皮、麻头、破布和破鱼网等来造纸。他们先把树皮、麻头、破布和破鱼网等东西剪碎或切断，放在水里浸渍相当长时间之后，再捣烂成浆状物，经过蒸煮，然后在席子上摊成薄片，放在太阳底下晒干，这样纸就制成了。

用这种方法造出来的纸，体轻质薄，很适合写字。公元 105 年，蔡伦把这个重大的成就上报了朝廷，受到了称赞。从此，全国各地都开始用这样的方法造纸。

纸很快取代了简、帛，广泛应用于书写或印刷。东汉安帝建光元年（公元 121 年），蔡伦的弟子孔丹在皖南造纸，他很想造出一种世上最好的纸为老师画像，以表缅怀之情。

一个偶然的机会，孔丹来到峡谷溪边，看见一棵古老的青檀树横卧溪上。由于流水终年冲洗，树皮腐烂变白，露出一缕缕修长而洁白的纤维。孔丹灵机一动，认为这种纤维是造纸的绝佳材料。事实果然如孔丹所料，经过反复试验，终于大功告

古埃及人用莎草纸来绘画和书写，可以说莎草纸是古埃及文明的一个重要组成部分。

成。用这种纤维造出来的纸就是历史上有名的“宣纸”。由于宣纸产于安徽泾县，古属宣州，所以就称宣纸。

到南唐时，宣纸的发展又进入了一个新的阶段。后主李煜在政治上是不成功的，但却热衷于文化事业。作为朝廷贡纸的宣纸在李煜的监制下显得更为名贵，澄心堂纸就是这个时期的产物。澄心堂原本是南唐烈祖李□的宫室之名，可见，这种纸是专为南唐宫廷制造的。据说，这种纸要用腊月敲冰所取的水制造，滑如春水，细密如蚕茧，坚韧胜蜀笔，明快比剡楮，长者可16.6米为一幅，自首至尾匀薄如一。

宋代继承了唐和五代的造纸传统，出现了很多质地不同的纸张，纸质一般轻软、薄韧，上等纸全是江南制造，也称江东纸。欧阳修曾用这种纸起草《新唐书》和《新五代史》，并送了若干张给大诗人梅尧臣，梅尧臣收到这种“滑如春水密如茧”的宣纸竟高兴得“把玩惊喜心徘徊”，澄心堂纸在唐宋时期名贵难求的程度，由此可略见一斑。

元代的造纸业开始凋零，只有在江南还勉强保持着昔日的景象。到了明代，造纸业又兴旺发达起来，主要名品是竹纸、宣德纸、松江潭笺等。清代宣纸制造工艺进一步改进，成为家喻户晓的名纸。各地造纸大都就地取材，使用各种原料，制造的纸张名目繁多，在纸的加工技术方面，如加矾、染色、洒金和印花等工艺上，都有了进一步的发展和创新。

造纸术的传播

造纸术在中国广泛传播了几百年后，逐渐开始向亚洲其他地区传播。很长一段时期，中国人对造纸技术秘而不宣。直到公元751年，大唐王朝与阿拉伯人发生了一场战争，使得中国好多士兵被俘，这其中就有一些懂得造纸术的能工巧匠，从此造纸术在阿拉伯发展起来。到了12世纪，欧洲人从阿拉伯国家学到了造纸技术。

公元105年，中国东汉时期的蔡伦在总结前人经验的基础上，改进了造纸术，以树皮、麻头、破布、破渔网等为原料，造出了当时非常著名的“蔡侯纸”。于是真正意义上的纸张出现了。

印刷术

Printing Technology 为人类文明发展献上的厚礼

历史的车轮滚滚向前，先人为我们留下了宝贵的遗产，而书就是这些宝贵遗产所承载的工具。然而，书的普及却源于一种古老的东方发明——印刷术。

在印刷术诞生之前，人们出版一部著作完全要靠手工抄写，质量和数量都无法保证。随着墨和纸的问世，雕版印刷术诞生了。它的操作方法是将一篇文章反刻在木板上，印刷时，在版上刷墨，然后将纸盖在版上用干净的刷子轻轻刷实，纸上就会出现黑色的字迹。

20 世纪初，考古学家们在甘肃敦煌千佛洞中发现了唐咸通九年雕印的《金刚经》，它成为目前世界上标有确切雕印日期的最早的印刷品实物。

雕版印刷由兴到衰，历经了 1000 多年的风风雨雨。经过长期的摸索，活字印刷术诞生了。它的问世不但记录和传播了中国传统文化和文明，更带动了世界范围内文化艺术和科学的发展，而所有这一切，都要归功于现代印刷业的鼻祖——毕□。

印刷速度的提高，从某个意义上加快了人类文明的进程。

活字印刷术首先是制活字。毕□所用的材料是胶泥，刻好字后用火焙烧，使之坚硬如瓷。其次是排版，在铁板上放松香、蜡以及纸灰的混合物和一个铁框，将拣出来的字排满一框后即对铁板进行加热，使松脂熔化，将泥活字压平，冷却固定之后，版即制好。最后，就是印刷，方法与雕版印刷一样。印刷完后，将铁板再度加热，使松香和蜡熔化，将泥活字取下放好，以备下次使用。不难

谷登堡发明的活字印刷术，使书籍可以进行快捷、大批量的生产。

看出，毕□在近千年以前发明的活字印刷术，已经大体上具备了近代活字印刷术所具备的基本原理和操作程序。

毕□在11世纪中期发明了活字印刷术，但却并未得到广泛应用。400多年后，谷登堡在东方文明的启迪下，也发明了同一原理的活字印刷术。

1398年，谷登堡出生在德国黑森的美因茨。他对欧洲古老的印刷术做出了彻底改良。在制造活字方面，他找到了铅合金。谷登堡先为每个印刷符号刻制一个凸出的字模冲头，然后进行修正，直至完美。之后，用它在铜块上冲出一个凹进的印模。再在其中浇入铅水，冷却后就成了活字。使用时，工人们从字盘中拣出所需字模，把它们放入一个叫“手盘”的容器里，每两个单词之间放入铅空，然后把手盘中的活字移入长方形活字盘，并在行与行之间插入铅条。整个版面排好后，再把它放进一个钢制或铁制的排字架中，最后在架子的缝隙中敲入许多楔子，使活字牢牢地固定在各自的位置上，然后就可以付梓印刷了。

解决了活字问题之后，谷登堡又将精力投入到了印刷机的发明上。最后，他根据木制螺旋压榨机的压印原理制成了代替手工印刷的木制印刷机。与此同时，他还发明了一种可以均匀地黏着在每个金属活字上的油墨，而这些在当时东方的印刷术中都是不具备的。1454年，谷登堡印刷的第一部书籍《圣经》问世了。很快，谷登堡发明的印刷术风靡整个欧洲，到了19世纪，西方的印刷业已经有了长足的进步。如今，伴随着电子计算机和激光技术的发展，铅字正逐渐退出印刷舞台，激光照排技术的问世使印刷业又迎来了一场新的变革。

印刷术的渊源

顾名思义，印刷术的“印”字，本身就含有印章和印刷两种意思；“刷”字，是拓碑施墨这道工序的名称。从印刷术的命名中已经透露出它跟印章、拓碑的血缘关系。印章和拓碑是活字印刷术的两个渊源。早在公元前4世纪，即战国时期，私人印章就已经很流行了。那时称为“玺”。秦始皇灭六国，得楚和氏璧，凿国玺，“玺”字从此被封建帝王所垄断。皇帝的印章才能称玺，一般人的玺只好称印称章。

印刷术的发明和使用对欧洲的思想和社会产生了十分重大的影响，不仅促进了宗教改革和文艺复兴，对欧洲许多民族文字和文学的建立也起到了积极作用，甚至鼓励了民族主义建立新兴国家。印刷术还普及了教育，提高了阅读能力，并增加了社会流动的机会。

电梯

Lift 不再是“勇敢者的游戏”

电梯是一种电力驱动乘人载物的升降机。早在古罗马时代，建筑师维特罗维斯就设计出一种上下垂直运输货物或人的升降台。这种升降台依靠人力、畜力或水力，由滑轮等机械部件操纵，就像用绳子把吊篮吊着上下运输东西一样。

18世纪至19世纪末，欧洲和美国的工业革命带来了生产力的飞速发展和经济繁荣。这个时期，城市化进程加快，城市人口高速增长。为了在较小的土地范围内建造更多的使用面积，建筑物不得不向高空发展。电梯的出现，使建筑物突破了5层的高度限制。

美国发明家奥蒂斯是一个很细心的科学家，高层建筑的大量出现引发了他改造升降机的念头。1852年，成为奥蒂斯发明生涯中的一个转折点。纽约贝德斯泰德制造公司的老板要求他制造一台货运升降梯来装运产品。作为一名熟练的工长，奥蒂斯并没有被这项任务所难倒，他认为如果将升降梯改造得更好，建筑物就可以突破高度的限制，这是一个多么令人心动的想法啊！

奥蒂斯分析了各种类型的升降机，它们都具有一个致命的缺陷：只要吊绳突然断裂，吊篮就会呈自由落体运动急速下降。在升降梯的设计过程中，奥蒂斯就把难点放在了吊篮的控制上。他设计了这样一种制动器：在升降梯的平台顶部安装一个货车用的弹簧及一个制动杆，与升降梯井道两侧的导轨相联结，起吊绳与货车弹簧联结，这样仅起重平台的重量就足以拉开弹簧，避免与制动杆接触。如果绳子断裂，货车弹簧就会恢复原状，两端立刻与制动杆咬合，即可将平台牢固地固定在原位，以免继续下坠。

奥蒂斯设计的安全升降机草图

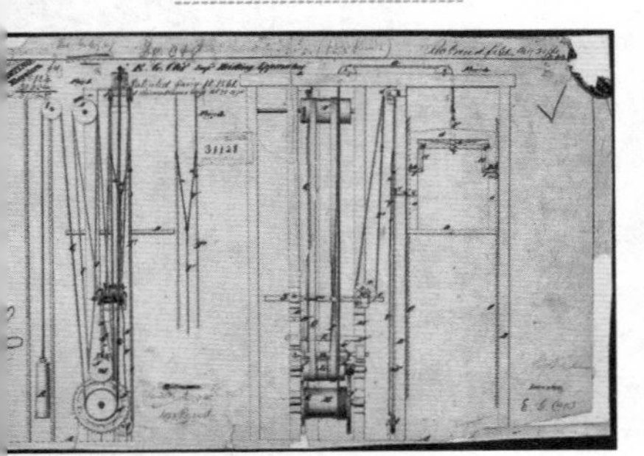

这种新设备叫安全升降梯，这项成功的发明使奥蒂

斯成为众人注目的焦点。不久，他就收到了订制两台升降梯的订单。这份订单使奥蒂斯对自己的发明进行了认真思索，他坚信这个蒸蒸日上的国家将会需要更多的升降梯。

像任何企业家一样，奥蒂斯也要宣传自己的产品。1854 年，在纽约的水晶宫展览会上，奥蒂斯亲自演示了安全升降梯。他爬上电梯的平台，将平台升到大家都能看到的高度。然后，命令助手切断缆绳，在一片惊呼声中，电梯并没有掉下来。当暴风雨般的掌声响起时，站在平台上的奥蒂斯挥动着手里的帽子向人们致意！

升降机的发明令摩天大楼变得可能，客运亦是升降机最常见的用途。客运升降机所需的载客量跟建筑物面积、用途相关。图为利昂·艾多克斯发明的升降机。

安全与这次表演联系起来，这个词使升降梯获得了普遍承认，纽约普通公众和小实业家们很快就想到在商店利用这种升降梯来为顾客服务。

但开始时，奥蒂斯的公司却没有因顾主们需要升降梯而被踢破门坎。1854 年只销售几台；1855 年也只有 15 台；1856 年，奥蒂斯公司的记载说明，安全升降梯共售出 27 台，而且全部是货运升降梯。

到 1857 年 3 月，在纽约百老汇与布罗姆大街的豪沃特公司，专营法国瓷器和玻璃器皿的商店里安装了世界上第一台安全客运升降梯。该商店共五层，当时就算是相当高的建筑物了。升降梯的动力是由建筑物内的蒸汽动力站利用一系列轴及皮带驱动的。该梯可载重 450 千克，速度为每分钟 12 米，升降梯的初级市场终于起步了。

1880 年，德国西门子发明了世界上第一台电动升降机——电梯。现在我们使用的电梯是在此基础上经过多次改进而成的。而电动扶梯直到 1921 年，美国的奥蒂斯公司才研制出来。

回望历史

人类利用升降工具运输货物、人员的历史非常悠久。早在公元前2600年，埃及人在建造金字塔时就使用了最原始的升降系统，这套系统的基本原理至今仍无变化：即一个平衡物下降的同时，负载平台上升。早期的升降工具基本以人力为动力。1203年，在法国海岸边的一个修道院里安装了一台以驴子为动力的起重机，这才结束了用人力运送重物的历史。

电冰箱

Refrigerator 家家有个“清凉屋”

老幼皆知的广告语——“晶晶亮、透心凉！”将我们从炎炎夏日带入了一个“清凉世界”。这个世界似乎可以冲淡酷热所带来的喧闹、浮躁与焦灼，而这一切都源于冰箱的诞生。

卡尔·冯·林德（1842～1934），德国工程师。1870年开始研究制冷技术，5年后，他在德国建立了第一个制冷工程实验室。

哲学家笛卡儿曾说：“我思故我在。”而冰箱的发明过程恰恰证明了这句话的深刻哲理：一个偶然的发现和一个简单的创意，经过许多思考的大脑后，结出了人类智慧之花。在享受冰箱带给我们方便的同时，推动它发展进程的科学家也让我们永远铭记。

哈里森是澳大利亚《基朗广告报》的老板，在一次用醚清洗铅字时，他发现醚涂在金属上有强烈的冷却作用。醚是一种沸点很低的液体，它很容易发生挥发吸热现象。哈里森经过研究，使用了醚和压力泵，于1851年研制出了第一台人工制冷压缩机，并把它使用在一家肉类冷冻加工厂和澳大利亚维多利亚的一家酿酒厂。从此，这种制冷机具有了工业价值。

1873年，德国工程师、化学家卡尔·冯·林德发明了以氨为制冷剂的冷冻机。林德采用一个小蒸汽机为动力来源，它驱动压缩泵，使氨受到反复的压缩和蒸发，产生制冷作用。林德首先将他的发明用于威斯巴登市塞杜马尔酿酒厂，设计制造了一台工业用冰箱。后来，他将工业用冰箱加以改造，使之小型化，于1877年制造出了世界上第一台人工制冷的家用冰箱。到1891年时，林德已在德国和美国售出12000台冰箱。

卡尔·冯·林德发明的以氨为制冷剂的冷冻机

1923年，瑞典工程师布莱顿和孟德斯发明了世界上第一台用电动机带动压缩机工作的冰箱，也就是人类历史上的第一台电冰箱。后来，他们把专利权卖给了芝加哥的家荣华公司，该公司于1925年生产

出了第一批家用电冰箱。最初的电冰箱其电动压缩机和食物箱是分离的，后者是放在家庭的地窖或贮藏室内，然后，通过管道与电动压缩机连接，才合二为一。

第一批家用电冰箱出现于20世纪20年代，它的出现给人们带来了极大的便利。

应当看到，电冰箱的大发展，其实是从人类开始利用氟利昂作为制冷剂而转折的。

1930年，美国工程师米德莱试制成功了氟利昂。在氟利昂发现以前，冷冻机中常用的制冷剂主要是二氧化硫和氨。这两种物质都具有臭味，对人体有强烈的刺激性，会影响人的健康。于是米德莱根据元素的周期律，寻找更适合做制冷剂的化合物。最终，他发现氟的化合物毒性小，又不易燃烧，挥发性比较大，可作为一种理想的制冷剂。他选择了一组氟氯化物作为研究对象，并成功地发现了理想的高效制冷剂——氟利昂。很快它逐渐取代了二氧化硫和氨，一直沿用了50多年。

氟利昂的使用，使电冰箱迎来了一个春天，这也导致了对地球臭氧层的破坏。面对新世纪，科学家们研制出了氟利昂的替代品来作为制冷剂，全面采用了无氟环保技术。现在的冰箱，容量大，耗能少，噪音小，外观漂亮，功能也越来越多。可以想象，在未来世界中，电冰箱会使我们的生活更加美好，更加丰富。

古代“冰箱”

实际上，我国在古代就已有了“冰箱”。虽然远不如现在的电冰箱高级，但仍可以起到对新鲜食物的保鲜作用。在古籍《周礼》中就提到过一种用来储存食物的“冰鉴”。这种“冰鉴”其实是一个盒子似的东西，内部是空的。只要把冰放在里面，然后把食物再放在冰的中间，就可以对食物起到防腐保鲜的作用了。这显然就是现今地球上人类使用最早的冰箱。

因为冰箱对食品具有很好的保鲜、储存作用，进入20世纪80年代以后，电冰箱在普通家庭中迅速得到了普及。

录音机

Tape Recorder 储存声音的魔盒

人类在很久以前就有这样一个梦想，希望能将声音直接记录下来，而不是通过文字或者符号来保留。随着科学技术的进步，这个梦想最终变成了现实。

最初的留声机构造，并不像我们现在的留声机那样精致，它是非常简单的，一架有着带纹道的圆筒、两只振动膜和大头针的装置，就构成了一台会说话的机器。如果对着喇叭发声，声音便会使振动膜发生振动。当振动膜随着声音一上一下地振动时，振动膜下的针也在同时对它下面移动的锡纸产生时重时轻的压力，锡纸上便出现了深浅不一的凹槽，这样，声音便被记录在锡纸上了。如果要想使这些凹槽以声音的方式重现，只要通过附在振动膜上的针将它再送到振动膜上就可以了。

爱迪生和他发明的留声机

大发明家爱迪生在当电报员的时候，就曾在上蜡的纸带上用莫尔斯电码记录消息。当电报信号高速发送时，细心的爱迪生发现，凸凹纸迅速地擦过撑在它上面的弹簧，发出了犹如乐曲般的声音。爱迪生将这种声音与刚发明的电话的声音联系起来。这种意外的发现使爱迪生这个有心的科学家叩响了储存声音的大门。

1877 年，世界上第一台留声机就这样诞生了。留声机算得上是后来出现的磁带录音机的前身。其后几年里，许多科学家都在努力改进，希望在此基础上有所突破。

在留声机问世 11 年后的 1888 年，一位名叫史密斯的科学家提出了改进留声机的设想。尽管史密斯有着一番美妙的设想，但是由于种种原因，他最终并没能把自己的设想付诸实践。

1898 年，丹麦科学家保森根据史密斯的理论，研制出了第一台磁性录音机。1900 年，巴黎博览会上展出了保森发明的磁性录音机。这种录音机把声音录在钢丝上，具有独特的优点，所以在博览会上，受到了人们的青睐。

磁性录音机要用质量很好的钢丝和钢带，且非常笨重，使用起来不方便。1936 年德国的弗劳伊玛研制出了磁带录音机。这种录音机声音清晰，使用方便，价格便宜。在这之后，又有许多科学家对录音机的改进做出了贡献。

然而最终淘汰留声机，使磁带录音机确立它不可动摇地位的人物当属美国人马文·卡姆拉斯。卡姆拉斯从小就喜欢自己动手制作各种有趣的小玩意，尤其对新奇的东西十分感兴趣。他曾制作过晶体管收音机，还自制了火花式发射机。1937 年，卡姆拉斯开始改造钢丝录音机，他为了提高音质，开始对不同材料进行试验，最后终于找到了较为理想的磁性材料——一种具有特殊性质的氧化铁粉。他将这些铁粉末涂抹在塑料带上，放入磁场进行处理，制成了又轻又薄的塑料磁带录音机。

卡姆拉斯还发明了高保真录音技术。他在录音的时候，采用的是不同频率的装置，而放音时，则采用适应不同频率的喇叭将声音播放出来。这样，人们即使在家中也能够听到与剧场一样的音响效果了。

随着科技水平的提高，为了使磁带更加坚固耐用，磁带录音机不断地向小型化发展，并且使磁带录音机的音响效果也不断提高。目前的磁带录音机已开始向数字化方面发展，这种数字式磁带录音机的音质优于一般的激光唱片，能放又能录，是一种性能更加完美的音响产品。

磁带录音机是以磁带为载音体，来实现记录和重放声音的机器。它主要由机内话筒、磁带、录放磁头、放大电路、扬声器、传动机构等部分组成。上图为磁带录音机广告宣传画报。

马文轶事

马文·卡姆拉斯从小就喜欢动手制作东西，并酷爱无线电。还在求学时代他就制作了一架灵敏的晶体管收音机，而后又自制了火花式发射机。当他刚制成发射机并作试验时，对周围邻居的收音机产生了干扰，人们还抱怨说："这大概又是马文在搞他的发明了。"

改进后的留声机，声音清晰逼真。不过，后来还是被录音机取代了。

空调

Air Conditioning 清爽时代的来临

季节更替、四季变换是大自然固有的规律，当烈日炎炎的盛夏、寒风萧瑟的严冬来临时，人们总是希望有一个温暖舒适的环境置身其间。如今，这一梦想已经实现。这个使人们过上冬暖夏凉舒服日子的神奇物品，就是现在已经家喻户晓的电器——空调。

1881年7月，美国总统加菲尔德在华盛顿车站遇刺受重伤，时值盛夏，闷热难耐，病床上的总统生命垂危。医生提出，只有降低室温才能为总统实施手术，挽救他的生命。美国政府便把研制室内降温设备的任务交给了工程师谢多。谢多曾在矿山工作过，接触过当时应用还不广泛的制冷设备，了解空气压缩制冷的原理。于是，他采用工业制冷用的空气压缩机，成功地使总统病房的温度从37℃降到了25℃。所以，人们一般认为，谢多是世界上第一台空调器的发明者。

而第一个空调系统是1902年由美国发明家威利斯·开利设计的。他的发明应部分归功于一个怨气冲天的纽约市布鲁克林区的印刷作坊老板。这位老板的印刷机由于空气温度与湿度的变化使得纸张伸缩不定，油彩对位不准，印出来的东西模模糊糊。他成了开利的第一位主顾，为开利打开了空调商业化之门。自那以后的20年间，开利的空调逐渐被用来调节生产过程中的温度与湿度。空调的第一个大主顾是美国南方的纺织厂。由于空气湿度不够，梭子摩擦产生的大量静电使成品布产生大量的绒毛，降低了布匹质量，然而这一令人大为头痛的问题被空调迎刃而解了。自那以后，空调开始向诸多

早期的空调被用来调节生产过程中的温度与湿度。

行业进军，如化工业、制药业、食品业……值得一提的是，空调发明后的20年间，享受的对象一直是机器，而不是人。

威利斯·开利（1876~1950年），美国工程师及发明家，是现代空调系统的发明者。图为威利斯·开利和他最初的冷却器。

随着业务的不断拓展，开利与6个朋友集资3.2万美元，于1915年成立了开利工程公司。当年，底特律著名的哈德逊百货公司定期在地下室举行甩卖会，但是，因空气闷热而频频出现有人晕倒的现象。1924年，这家公司安装了三台空调。此举大获成功，空调成了商家吸引顾客的利器。

20世纪20年代的娱乐业一到夏天就一片萧条，因为没人乐意花钱买热罪受。1925年的一天，开利与纽约里瓦利大剧院联手发动了一轮密集的空调广告轰炸，打出了保证顾客“情感与感官双重享受”的口号。那一天，里瓦利大剧院外人山人海，几乎人人都带着把纸扇以防万一，然而跨入剧院大门的一刹那间，清凉彻底征服了观众。空调自此进入了迅猛发展的阶段。

空调系统除了具有室内温、湿度调节的特点外，还具有集中控制、新风处理等功能，工程上把这种集中式或半集中式的系统统称为“中央空调系统”。现在的中央空调系统可使100层的办公大楼变得凉爽或温暖。对于手表等精密仪器的生产车间、信息处理中心、大型计算机机房来说，空气调节系统已是必不可少的设备。家用空调的研制始于20世纪20年代中期，但随之而来的经济大萧条和接踵而至的第二次世界大战打断了家用空调的普及。直到20世纪50年代世界经济开始腾飞，家用空调才开始真正走入千家万户。

空气压缩机的研制成功，为现代空调的诞生奠定了技术基础。

成长的岁月

威利斯·开利在孩提时代就对机械产生了非常浓厚的兴趣，他曾经计划制造机械动物。除此以外，开利有个很大的优点——喜欢将复杂的难题分成若干个简单的部分逐一解决。他在高中毕业论文中曾经这样写道：“无论环境如何，一个拥有坚定意志的人可以做到任何他想做的事。”1902年的7月17日，开利博士用实际行动证实了他的这句话，他设计出了被世界公认的第一套科学空调系统。

洗衣机

Washing Machine 让洗衣成为一种享受

在过去的漫长岁月中，洗衣实在是一项繁重的家务活。而洗衣机的发明将家庭妇女从繁重的家务中解放出来，使她们能和男人一样平等地工作和参与政治生活，从这个意义上说，洗衣机已成为改变妇女命运的一项神奇的发明。

从古到今，洗衣服都是一项难以逃避的家务劳动，而在洗衣机出现以前，对于许多人而言，它并不像田园诗描绘的那样充满乐趣，手搓、棒击、冲刷、甩打……这些不断重复的简单的体力劳动，留给人的感受常常是：辛苦劳累。早在 1677 年，人们就把衣物放在袋子里，其一端固定，另一端用一个轮子和一个圆筒来拧，这是一种尝试性的机械洗衣法。

早期洗衣机的主件是一只圆桶，桶内装有一根带有桨状叶子的直轴。轴是通过摇动和它相连的曲柄转动的。

直到 1782 年，英国家具商西格尔设计出一种原始洗衣机。在六角形木桶内装置一个用木条制成的盒子，盒子两端有支点，可用手柄翻动盒里的衣物，注水、放水都要用手，而且得花很长时间才能把衣物漂洗干净。衣服洗净后，先放在手转绞扭器的两个木滚筒之间压干，然后再放在绳上晾晒。对于床单、桌布等大件织物，洗净晾干后，就折叠起来，卷绕在木滚筒上，用一个内装石子的 2 米长木盒轧平。

1858 年，美国匹兹堡的史米斯制成机械化洗衣桶和捣衣杵。他用一个竖立的木桶，以手摇曲柄转动桶里的捣衣杵搅动衣服。1863 年，他又添加了一个回动齿轮，使捣衣杵能前后转动。

随后，英国出现了一种铸铁洗衣锅，下面装有把水加热的煤气喷嘴，但衣物必须用捣衣杵搅动。

早期的洗衣机还称不上“洗衣机”，只是洗衣的机械装置而已。到了 1874 年，美国一位玉米播种器的制造者比尔·布莱克斯特发明了一种木制洗衣机，它已经具备了现代洗衣机的雏形。这种洗衣机的主体是一个不漏水的木桶，桶中心底部的转轴上装有 6 张叶片，摇动手柄，即可通过齿轮机带动叶片，拖着衣物在木桶中翻转、相互摩擦，这样，可以靠水流的冲刷而达到洗涤的目的。

洗衣机的出现使人们从繁重的家务劳动中摆脱出来，从而使洗衣成为一种“享受”。

1906 年，美国芝加哥人费歇设计出了世界上第一台电动洗衣机。在原来洗衣机的基础上，费歇做这样的设计：其外形呈圆桶状，内装一部电动机和一根带刷子的主轴，电动机驱动刷子转动和搅拌，从而带动桶内的水和衣物旋转，并刷洗衣物。费歇发明的搅拌式洗衣机促进了洗衣机的发展和实用化，同时大大减轻了人力的付出。从现在的水平看，这种电动洗衣机结构非常简单，但在洗衣机发展史上，却具有很重要的意义，不过由于当时电力供应未能普及，所以直到 1927 年，在偏远的美国农村仍流行手摇洗衣机或汽油发动机带动的洗衣机。

随着机械设备精密度不断提高，科学家们也以巨大的热情投入到洗衣机的研究中去。1922 年，美国的玛依塔格公司将洗衣机改进为搅拌式，即在洗衣筒中心装一立轴，其上安有搅动叶，由传动机带动它有规律地正反向旋转，不断使水流和衣物强烈翻搅、碰撞、摩擦，以达到洗净衣物的目的。同时，英国出现了滚筒式和喷流式洗衣机，而且一直沿用至今。很长时间以来，波轮洗衣机一直在我国洗衣机市场上占据着绝对的优势。但是随着改革开放的深入和人们生活水平的提高，人们纷纷开始使用更高档的、适合中国家庭使用的滚筒洗衣机。如今，随着电子工业的发展，采用微电脑技术控制的洗衣机也在慢慢地“飞入寻常百姓家”。

滚筒洗衣机

20世纪80年代中期，我国第一次引进欧洲的滚筒洗衣机生产线，到了20世纪90年代中后期，滚筒洗衣机已逐渐成为各大城市消费者购买洗衣机的首选。在这期间，中国的一些知名企业适时地推出了一系列适合国人洗衣习惯的个性化洗衣机，尤其是海尔推出的“小丽人”顶开式滚筒洗衣机，更是开创了中国滚筒洗衣机发展史上的一个崭新时代，它兼具滚筒机与波轮机的两大优点，为滚筒洗衣机在中国的普及探出了新路。

火箭

Rocket 铺平了探索空间的道路

人类的祖先很早就对神秘的宇宙产生了浓厚的兴趣。为了揭开它的神秘面纱，一大批极具天赋的火箭研究专家从而展开了一场以航天器为主的航天技术革命。从此，广阔无垠的宇宙空间开始成为人类活动的新领域。

齐奥尔科夫斯基提出了火箭公式，被誉为“宇宙航行第一公式”，这为宇宙航行奠定了理论基础。

火箭从诞生到今日的发展，经历了漫长的过程。大约在中国宋、元朝时，由于战事频繁，出现了一种利用燃烧火药产生巨大威力的军事武器，这是人类最早的原始火箭。

中国古代科学技术在世界的领先地位是毋庸置疑的，但火箭得到迅速的发展却是在西方。20世纪初期一位科学家就曾大胆预言：“地球是人类的摇篮，但人类不会永远生活在摇篮中。”他就是现代航天学和火箭理论的奠基人——齐奥尔科夫斯基。

齐奥尔科夫斯基幼年时就聪明好学，有着丰富的想象力，他对浩瀚的星空有着美丽的幻想。但在他生活的时代，宇宙航行只是一个演讲题目。尽管如此，他仍坚持不懈地从事这项看似枉然的科学研究。1903 年，他发表了一篇极其重要的论文《利用喷气装置探索宇宙空间》，第一次从理论上论证了用喷气式火箭进入宇宙的可能性，并提出了宇宙航行最基本、最重要的公式，即齐奥尔科夫斯基公式。他还证明了为脱离地球引力必须使用多级火箭。可惜，齐奥尔科夫斯基这些关于星际航行卓有远见的科学设想，在当时没有得到应有的重视，当时的技术也不允许实现他的构想，以至在他有生之年始终没能造出一枚他所构思的火箭。但齐奥尔科夫斯基对空间技术的未来充满

明朝的火龙出水是世界上最早的二级火箭。因多从船上发射，故称“火龙出水。”

了信心，先后写下了730篇论著。他不愧为宇航领域中的一位天才、世界公认的“宇航之父”。

现代火箭航天技术的先驱齐奥尔科夫斯基设想的液体火箭，20 多年后终于由美国人罗伯特·戈达德首先研制成功。1918 年 11 月，戈达德在马里兰州的阿伯丁测试场成功发射了一枚固体火箭。年底，戈达德又开始拟定一项使用液体燃料为推进剂的火箭计划。然而这个设想运作起来非常困难。在经过多次实验后,他决定以汽油作为燃料,并以液态氧为氧化剂。

1926 年 3 月 16 日下午 2 点 30 分，在美国马萨诸塞州偏僻的沃德农场，戈达德在助手的帮助下，花了一个上午的时间，把火箭装到火箭发射架上，戈达德小心翼翼地点燃点火器，只见火箭“噌”的向上冲入蓝天。一开始它升得很慢，接着变成高速行进，达到12.5 米的高度，时速约为 97 千米，2.5 秒之后，火箭以高速向左边又水平飞行了 56 米，最后坠毁在一片菜地里。

虽然整个飞行时间仅仅几秒钟，然而，在这短短的瞬间，这枚小小的火箭已经创造了历史，成为了世界上第一枚成功飞行的液态燃料火箭。戈达德一生在火箭技术方面共取得了212 项专利，创造了令人敬畏的成果，成为液体火箭的创始人。

20 世纪 70 年代初，我国凭借自己的力量，成功发射了第一枚“长征一号”运载火箭，一跃而成为世界上第五个独立研制和发射人造卫星的国家。30 年间，中国共研制成功了 12 种型号的长征系列运载火箭，覆盖了近地轨道、太阳同步轨道、地球同步静止轨道的全部轨道范围，运载能力大幅度提高，满足了发射不同轨道和不同重量人造卫星的要求。

如今，我国已经拥有了酒泉、西昌、太原三座发射基地，运载火箭的发射和测控技术已经达到了世界先进水平。

不一样的童年

齐奥尔科夫斯基童年的时候不幸得了猩红热，留下耳聋的后遗症。从此，他无法上学，甚至连小朋友们的游戏也无法参加了。然而，他却并不孤独——他开动脑筋，用灵巧的双手给自己制作玩具。父母和亲友见他虽然小小年纪，却制出许多精美的自动玩具，十分惊奇。不仅如此，他还非常喜爱读书，一有时间便在父亲的书房里如饥似渴地阅读科技书籍。有一次，他竟然根据书上一幅简单的插图，制出了一架可以测量森林的古代观象仪。

根据齐奥尔科夫斯基的火箭理论，戈达德第一个制造出了齐奥尔科夫斯基所设想的液体燃料火箭。926 年 3 月 16 日，在马萨诸塞州的奥本一处被冰雪覆盖的草原上，戈达德发射了人类历史上第一枚液体火箭。

电视机

Television Set 感知世界的“窗口”

19世纪末到20世纪初，“用电来看东西”是许多科学家的梦想。为此，他们付出了艰辛的努力。那时，他们还不知道自己要发明的东西叫电视机。回顾电视机的发明历程，我们发现：电视机不是某一个人在某一天突然发明的，而是许多科学家几十年的劳动成果。

1873年，英国科学家史密斯发现，硒具有在光照下可增加自身导电性的性质，此后，关于电视的设想便纷纷出台。俄裔德国科学家保尔·尼普科的中学时代正处在有线电技术迅猛发展时期，电灯和有轨电车的出现、电话的普及给人们的生活带来了方便。后来他来到柏林大学学习物理学。1883年，他在思考电视构造时，想到了硒这种特殊的物质。

1927年，法恩斯沃思成功用电子技术把图像从摄像机传输到接收器上，这是公认的电视诞生标志。他被称为“电视之父”。

1884年，尼普科制成了“扫描盘”。他在一个圆盘上设一圈沿螺旋线排列的孔径。当图像投射在旋转的圆盘上，孔径便以一系列平行线扫描图像。光通过孔径落在硒光电池上，就会改变电流大小。而接收一方则与发射一方的圆盘同步，被安放在光源前，被改变大小的光源投射到接收端，图像的传输就实现了。尼普科将画面用扫描来表现的思想对现代电视技术的影响是巨大的。

苏格兰人贝尔德最大的贡献是在尼普科扫描盘上安装了放大器，使影像更清晰。1927年，他利用电话通道进行图像传送实验。1928年，他将图像传送到远航大西洋的轮船上。1929年，他又成功地做到同时传送图像和伴音……上述实验，都是用机械转换装置来

彩色电视机为人们呈现出一个五彩斑斓的多姿世界。图为最初的彩色电视机宣传广告。

进行图像传送和接收的，与现代全电子式的电视技术是不同的。

在犹他州比弗，14 岁的法恩斯沃思对电子世界充满了向往和热爱。而他也注定要改变20世纪的命运。

后来，在布里梅姆杨大学，科学家们对法恩斯沃思出众的才华感到惊讶。他的想法是利用透镜看到影像，然后投射到感光板上，阴极管发出一束快如雷电的电子，它能够扫描感光板上的影像，并能从感光板上回弹，反映影像的明暗区域。而阴极管里的电子则会转化成电子脉冲，然后送到发射台，发出电波，这个影像就会随着电波被传送到接收器，影像或信号被扩大，放射到化学处理的阴极管里，就会跟它投射时的一样，以此完成影像的传送和接收。最终，法恩斯沃思得到了电视发明的专利权。

1930 年初，美国无线电公司拥有最大的广播网络，年轻的俄罗斯移民萨尔诺夫是该公司的领导人。他希望电视能进入大部分美国家庭。但此时最大的障碍就是传送信号不稳定、画面不够鲜明。1936 年 7 月 7 日，他利用代号“W2XBS”试验性播出。第二天，《前锋论坛报》讥笑那模糊的影像，《泰晤士报》则认为这次示范十分有趣，市民们纷纷购买报纸了解相关信息。

在 1939 年纽约世界博览会上，为推广这项发明，无线电公司低价出售电视并宣布在美国开始定期播出节目。

1950 年，哥伦比亚广播公司的工程师将黑白影像变成了彩色图像，他们准备击败萨尔诺夫。在彩色电视方面的竞争中，颜色是成败的关键。萨尔诺夫和他的工作人员通过废寝忘食的工作，发明了全新的程序，最终将完整连贯、五彩缤纷的电视节目呈现在了大众面前。

直到今天，彩色电视机仍被视为工业历史中最神奇的发明。联邦通信委员会别无选择，他们必须承认及宣布萨尔诺夫的标准是新标准。萨尔诺夫再次胜利了。

意外的胜利

法恩斯沃思是全世界公认的电子电视的发明者，被称为“电视之父”。1922 年，还是高中生的法恩斯沃思将自己对电视的想法画成示意图交给了科学老师托尔曼先生。当时，谁也没有注意它。后来，当法恩斯沃思即将成功之时，却遇到了竞争对手兹沃尔金，因为他们两个人的电视系统差不多在同一时间开始工作。这场争论最后不得不诉诸于专利权法庭。法恩斯沃思胜利了，决定性的因素在于，那位细心的老师将法恩斯沃思14岁时的构想保存了下来——就是这幅最初的草稿证实了他是最早开始研发电子电视的人。

复印机

Photocopier 它改变了人类的生活

最早的复印机工艺复杂，效率低下。直到1944年，德国人米勒发明了不需要冲洗的影印法，利用红外辐射直接将原件复印在经过热处理的白纸上，无需使用底片，也不需避光，才使复印技术向前迈进了一大步。

今天，复印参考资料、文件、证件已是十分平常的事，复印机是当今办公智能化的标志。只要将文件在复印机上滚一下，几秒钟就能得到与原件一模一样的复印件。这样美妙的机器是谁发明的呢？

1938年，美国一位名叫切斯特·卡尔森的律师，为了把专利文件印得又快又好，经过努力，他利用静电电荷能将墨粉附着到纸上的原理制造出了一台复印机。

在此之前，为节省开支，卡尔森每次去图书馆都将教科书和各种参考资料辛苦地抄写下来。在工作中，卡尔森也要经常复制大量的资料，当时复制文件主要依靠照相和影印技术，不仅价格高，而且又耽误时间，给工作造成了许多不便。卡尔森常想：“如果有这样一种机器，只要把图纸和文件塞进去，一按电钮就能复印的又快又好，那该多好啊！”

1938年10月22日，卡尔森的实验成功了。

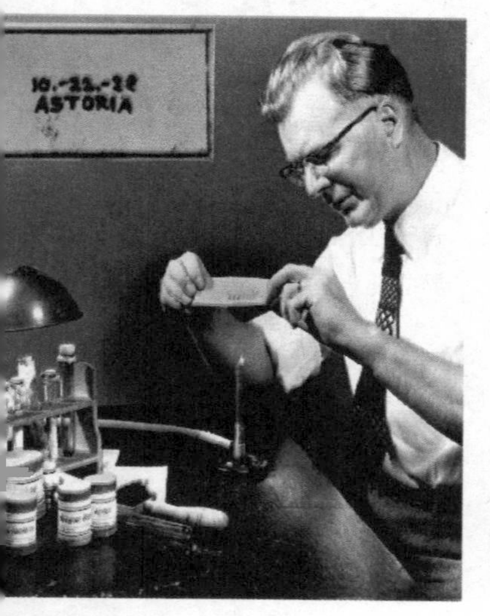

卡尔森有了发明的想法后，立刻有条不紊地去图书馆详细地查阅有关复印技术的大量资料，以便确定自己的研究方向。在将近4年的时间里，卡尔森在与以前的照相复制技术、热导复写技术的反复对比下，为自己选了一个研究方向：利用光电效应来进行复制。

研究方向确定以后，卡尔森开始全身心地投入到研究中去。尽管贫穷的卡尔森没有实验室，只能在自己的小厨房里进行试验，但他依然坚持不懈地完成一项项试验。终于功夫不负有心人，1938年10月22日，卡尔森的“静电复印机”制成了。卡尔森利用光电效应把图像或文字投影到一个半导体平面上，几秒钟后，有图像或文字的部位因为光线受到黑墨水的阻挡而带有静电。随后，为该平面涂一层反光负载粉，带电荷区域迅速将这些反光负载粉吸附，由此得到一张粉图，最后将粉图移印至白纸上，加热定影，最后纸上就复现出了同样的字迹。卡尔森的第一次试验成功了。

1961 年，全世界都接受了首台使用普通纸的自动办公复印机——施乐 914 复印机。

然而，卡尔森没有料到，他的发明历经周折后才问世。1949 年，世界上第一台干板式光电复印机由美国的哈曼德公司投产。1959 年，哈曼德公司推出了卡尔森成熟的发明——施乐 914 型静电复印机。施乐复印机一经推出便大获成功，哈曼德公司也改名为施乐复印机公司，从而由一家小公司成为跨国大公司。自 20 世纪 50 年代美国施乐公司推出第一台商用复印机以来，复印机经历了 50 多年的风风雨雨，复印技术日趋完善。据不完全统计，全世界共有几十家公司独立生产近千个型号的复印机。

经过几代人的努力，复印机又进入了一个新时代。现代最新科学技术成果在复印机上得到应用。集成电路板块代替了复杂的晶体管线路；激光技术使复印更清晰精细；现代摄影、化学的最新技术使复印发展到几乎完美的地步。到 20 世纪 80 年代已经出现了全色复印机，复印出的图画与最美丽的彩色照片无异。复印机已不仅仅是办公用具，它在生产建设、科学研究中都发挥了越来越大的作用。然而无论如何，我们永远不会忘记饱含着卡尔森心血的最初发明。

这是一台能够在普通印纸上复印的办公室复印机

贫困中长大的孩子

切斯特·卡尔森自小家境贫困，他在很小的时候就不得不肩负起家庭的重担。但艰苦的环境磨炼了卡尔森的毅力，他刻苦学习，并最终坚持完成了学业。1930 年，他在加利福尼亚理工学院获得了物理学学士学位；1940 年，他获得了静电复印发明的专利权。卡尔森有这样一句名言：“我在贫困中长大，变卖发明成果成为我仅有的几个可能谋生手段之一，这样做能迅速地改变我的经济状况。”

贫困也许是他发奋的动因，而坚持不懈的探索却是他最真实的行动。

微波炉

Microwave Oven **快捷、方便、奇特的烹饪方式**

在现今繁忙生活中，事事要求高效率，微波炉的发明，带来厨房工作的简洁与方便。有了它，做饭这样枯燥的工作也可以成为人们享受生活的一项重要内容。如今，微波炉已进入千家万户，成为家喻户晓的厨房好帮手。

20世纪20年代，英国科学家正在从事军用微波雷达的研究。伯明翰大学的两名教授设计了一种能够高效产生大功率微波能的空腔磁控管，并与美国雷声公司建立了合作关系。不久，雷声公司与英国签订了制造磁控管的合同。

当时雷声公司有一位名叫佩西·斯宾塞的研究员。1945年的一天，斯宾塞正在做雷达起振实验时，猛然发现上衣口袋处渗出了暗黑色的“血迹”，用手一摸，胸部还湿糊糊的。他立刻紧张起来，但稍一思索他就明白了，原来这只是一场虚惊，那只不过是放在口袋里的巧克力融化了而已。

佩西·斯宾塞

可口袋里的巧克力为什么会融化呢？斯宾塞抓住这一现象进行了认真的分析和研究。“难道是微波起的作用？”斯宾塞的脑子里突然闪过这个念头。经过仔细观察，他发现微波在与物质的相互作用中被物质吸收并在物质内部传递而产生热效应，能使周围的物体发热，于是，聪明的斯宾塞决定研制一种能利用微波的热量来烹饪的炉子。几个星期后，一台简易的微波炉就制成了。接着，斯宾塞便用姜饼做试验。他先把姜饼切成片，然后放在炉内烹制。在烹制过程中他屡次变化磁控管的功率选择最适宜的温度。经过多次试验，姜饼终于熟了，并且香味充满了整个房间。

微波炉最早被称为“雷达炉”，原因是微波炉的

发明来自雷达装置的启迪，后来正名为微波炉。1947年，斯宾塞所在的雷声公司正式推出第一台商用微波炉，供饭店和团体使用。然而早期的微波炉由于成本太高、寿命短，未能被市场接受。

1965年，乔治·福斯特对微波炉提出了改进意见，并和斯宾塞一起设计了更耐用，而且价格比较低廉的微波炉。1967年，一种家用的售价低廉的微波炉开始推向市场，当年销售量就超过了5万台，以后销售量逐年大幅上升，并逐渐走入了世界各地的普通家庭。

微波炉的诞生为人类的烹饪方式带了“革命性”的改变。

由于微波炉的上方和侧面装有磁控管，通电后产生的微波能穿透食物，使食物内的分子产生高温振荡、摩擦生热，将食物煮熟。

用微波炉烹饪时，热量可以直接深入食物内部，不像传统烹饪需要依靠热量由外向内传导，所以烹饪速度比其他炉灶快4～10倍，热效率高达80%以上，并且不会出现外焦内生的现象。与传统烹饪的食物相比，微波炉烹制的食品具有色、香、味俱全、不易霉变的优点，且由于不用加水，可使易溶于水、不耐热的维生素损失少，蛋白质、脂肪等营养素含量基本保持不变。

微波炉的优越性能，使它在家居生活中扮演的角色越来越重要，已经逐渐成为人们离不开的好帮手。

现代的微波炉功能更加齐全，外观更加美观。通过它，人们可以做出各种各样的美味佳肴。

不断地实验

自从佩西·斯宾塞发现巧克力被融化的现象之后，他就不断地开始做起实验来。有一次，他把一袋玉米粒放在波导喇叭口前，然后观察玉米粒的变化。他发现玉米粒与放在火堆前一样。第二天，他又将一个鸡蛋放在喇叭口前，结果鸡蛋受热突然爆炸，溅了他一身。这些实验结果更坚定了他的微波能使物体发热的论点。经过努力，佩西·斯宾塞终于制成了微波炉。

机器人

Robot 科技无极限

你能想象吗？在浩瀚的海洋中，机器人正在代替人类进行勘探工作；在布满了坑洞的月球表面，机器人正在为人类建造基地；在未来的战场上，一种外形酷似昆虫的机器人战士正在潜入敌后……不要以为这是虚构，其实，这是正在或即将成为的现实。

早在3000多年前，中国一位名叫偃师的工匠曾用木头制出了一个能歌善舞的小木人，这个灵巧的小木人虽然与现代机器人并无多少关系，但它却反映出古人们希望通过“造人”来给自己增加乐趣的美好愿望。

据说，在16世纪末的德国，一位名叫克里斯特法·列斯勒的人制造了一个自动玩偶。这个玩偶高约1米，通过发条和齿轮装置的控制，玩偶可以用右手握笔写字。毫无疑问，这个精巧的自动玩偶对数百年后机器人的研制具有重要的启迪作用。

直到1956年，美国人约瑟夫·英格伯特和乔治·德沃尔制造出世界上第一台工业机器人，机器人的历史才真正开始。

德沃尔发明的工业机器人最显著的标志就是一个巨大的手臂。

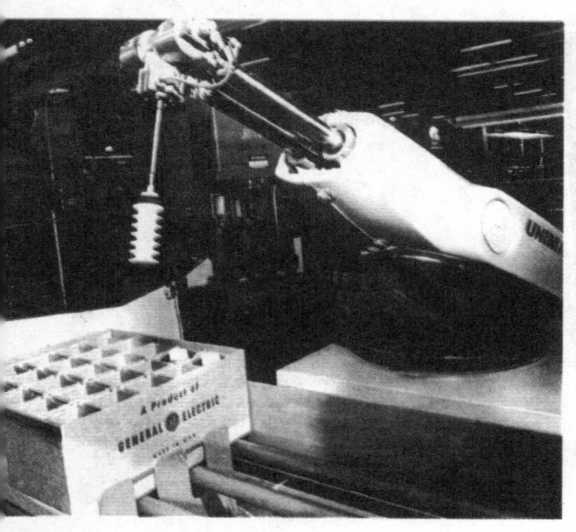

约瑟夫·英格伯特出生于美国的布鲁克林，毕业于哥伦比亚大学。他在大学期间攻读的是伺服理论，即一种研究运动机构如何才能更好地跟随控制信号的理论。同为美国工程师的乔治·德沃尔则于1946年发明出一种可“重演”、可记录机器运动的系统。8年后，德沃尔又获得了可编程机械手臂的专利，这种机械手臂可以按程序进行工作，并且可依据不同的工作需要编写不同的程序。当时，英格伯特和德沃尔都在研究机器人，并且达成了一种共识——汽车工业最适于用机器人干活，因为汽车生产的工序较为固定。于是，他们两人决定联手共同致力于工业机器人的研究。

1956年，人类历史上第一台机器人终于诞生了，它被人们称作“尤尼梅特”（UNIMATE），即万能自动之意。“尤尼梅特”的运动系统是参考坦克炮塔的运动制成的，它的基座上有一个大机械臂，臂可以回转、俯仰和伸缩。人们只需用控制手柄发出指令，“尤尼梅特”就可按照要求自动完成任务。后来，英格伯特和德沃尔筹办了尤尼梅特公司，这是世界上第一家专门生产机器人的工厂。1962年，美国的机械与铸造公司也制造出一种名叫“沃尔塞特兰”的机器人，意为多用途搬运工。它的工作原理与“尤尼梅特”相似，主要被用作抓取和运送工件。从这之后，世界各国都开始竞相研究和开发机器人……

服务机器人是机器人家族中的一个年轻成员。图为英格伯特和服务机器人。

为了推广机器人，英格伯特还于1967年到日本宣传介绍机器人。日本600多人听了他的演讲。从此，英格伯特被人们誉为“美国机器人的元老”。

时至今日，机器人已初步形成了一个近百万人的“王国”。尤其值得一提的是第三代机器人，它们不仅拥有基础的“感觉”系统，甚至还有一定的记忆、推理和判断环境状况的能力。毋庸置疑，这支新兴的工业大军正为改进我们的生活发挥着重要的作用。

现在越来越高级的机器人

“机器人”的来历

1920年，捷克斯洛伐克作家萨佩克写了一部名为《洛桑万能机器人公司》的剧本，他把在洛桑万能机器人公司生产劳动的那些家伙取名“Robot”，意为奴隶。萨佩克把机器人的地位确定为只管埋头干活、任由人类压榨的奴隶，它们没有思维能力，不能思考，只是类似于人的机器，很能干，以便使人摆脱劳作。“机器人”的名字也正是由此而诞生。

蒸汽机

Steam Engine 工业革命的排头兵

一座座工厂从原野上耸立起来，机器的轰隆声惊醒了沉寂的山坳，人类的生活开始发生着巨大的变化……蒸汽时代来临了！直到20世纪初，蒸汽机仍然是世界上最重要的原动力，后来才逐渐被内燃机和汽轮机所代替。

生活在20世纪90年代的人已经对电气带给人们的各种舒适的生活习以为常，电已经成为人们生活中不可缺少的一部分。与此同时，聪明的人类继续着自己探索的脚步，他们不断开发新的能量资源。可是在人类漫长的历史进程中，还有一个蒸汽机时代。蒸汽机的发明和完善，使人们离开了手工作坊走进了机械化的工厂。这个划时代的变革，在历史上被称为工业革命。工业革命的开始，宣告人类已经告别了石器时代和铁器时代，走进了一个充满活力的蒸汽时代。

瓦特

17 世纪上半叶，法国工程师巴本使蒸汽动力技术实用化方面迈出了一大步。在巴本之后，英国工程师萨弗里发明了不带活塞的蒸汽泵。萨弗里的蒸汽泵解决了当时矿工用传统的提水机械来排水时需要动用大量的人力和畜力的现状。1689 年，萨弗里获得了该项专利。蒸汽泵也是第一台投入实用的蒸汽机。

蒸汽机的下一步改进是由英国工程师纽可门完成的。萨弗里的蒸汽泵激发了纽可门的灵感，使他在这一领域里创造出了更好的蒸汽机。为改进蒸汽机，纽可门曾专门拜访了年迈的科

学家胡克，并与萨弗里一起探讨了改进方案。之后，他开始与一名水管工人着手制造一种改良的蒸汽机。1705年，他们制造的第一台蒸汽机终于问世了。这台蒸汽机吸取了巴本蒸汽机和萨弗里蒸汽泵的优点。纽可门的创造在于，他在一个带活塞的汽缸里装有一个冷水喷射器，这大大提高了冷凝速度；另一方面，纽可门的蒸汽机依靠的是大气压力而不是蒸汽压力工作原理，不存在高压蒸汽的危险性。

蒸汽机车在 20 世纪中期开始被内燃机车取代。上图为 19 世纪画的蒸汽火车。

又过了半个世纪，工业生产对于动力机器的需要空前增长，纽可门的蒸汽机远非完美，它仅仅只能把1%的热能转换为机械能，因此耗费了大量的燃料。此时，为了满足新的需要，瓦特蒸汽机应运而生。

1763 年，瓦特受命修理格拉斯哥大学的一台纽可门蒸汽机，这次机会使得瓦特有幸能够仔细研究纽可门蒸汽机的结构。结果，瓦特发现纽可门机的汽缸内冷凝蒸汽使热量浪费太大，白白消耗燃料。1765年，瓦特想出了把汽缸内冷凝蒸汽改为分离的密闭冷凝蒸汽。

1769 年，瓦特造出了第一台样机，并获得了发明冷凝器的专利，但瓦特并不满足于这一成绩，因为他还没能造出足以让矿山主争相购买的蒸汽机。

1776 年 3 月 8 日，这一天是瓦特终生难忘的日子，他首次创造的蒸汽机在煤矿开始运行了。在此之后，瓦特又对蒸汽机做了多方面的改进。到 1790 年，瓦特机几乎全部取代了老式的纽可门机，到 19 世纪末，具有几百千瓦功率的蒸汽机车也不再稀奇了。虽然，后来电力逐渐替代了蒸汽的力量，但我们绝不能忘记是瓦特蒸汽机为人类开启了机械化时代。

爱思考的瓦特

瓦特从小身体虚弱，在学校里，他不喜欢与小朋友们打闹，只爱独自思考。关于他的童年，曾有过一个广为人知的故事：有一天，瓦特在家里看见一壶水开了，蒸汽把壶盖冲得噗噗地跳。这种常人司空见惯的现象却引起了他浓厚的兴趣。他目不转睛地凝视那跳动的壶盖和冒出的蒸汽，苦思冥想其中的奥秘，一直看了一个多小时。正是这种好奇心和寻根问底的精神，引导他去努力探索世界的种种奥秘，攀登科学的高峰。

名人名言

最好是把真理比做燧石，它受到的敲打越厉害，发射出的光辉就越灿烂。

——瓦特

热气球

Hot Air Balloon 人类自此踏上飞翔的第一步

古代，女娲补天、嫦娥奔月、普罗米修斯飞天盗火……这些数不清的神话传说，都是人类期盼飞翔的美好愿望和朦胧幻想。1783年，热气球被发明出来。在当时的人们眼中，未来似乎就是一个天空中到处飘着热气球的时代。

热气球在中国有着非常悠久的历史，那时人们称为“天灯”或“孔明灯”。

1782年，在法国从事造纸行业的蒙哥尔费兄弟偶然发现，放置在炉火附近的纸箱受到壁炉中发出的热空气的影响，似乎要向上浮起。兄弟俩受此启发，动手制作了一只大气球，这只气球用纸和亚麻布糊成，上面用画笔涂刷了花花绿绿的颜料，它直径约12米，底部开口，从地面燃烧湿草和羊毛，冒出的热烟灌入气球使其上升。

1783年6月4日，他们在家乡做了一次公开表演，这只气球当众上升到约1830米的高空，在空中停留了10分钟，当热气消散后又回到地面。这一事件震惊了全法国，以后这种航空器就被称为蒙哥尔费气球。随后法国科学院邀请他们到巴黎进行一次公开表演。经过3个月的精心准备，蒙氏兄弟做出了可以载物的热气球。1783年9月19日，在巴黎一个公园的广场上，当蒙氏兄弟往这个高达22.8米的气球的热灶上添加羊毛和干草时，热灶中喷出的热气和浓烟，将载有三位勇敢的“乘客”——一只羊、一只鹅和一只鸡的气球送上了天空。气球升到约450米的高空，在空中飘浮了8分钟，安全降落在距起飞地约3千米的地方。

1783年6月4日，随着法国造纸商蒙哥尔费兄弟制造的模拟气球的升起，人类历史上第一次实现了热气球飞行。

动物已经升上了天空，那么人能否也能“飞”向天空呢？为了实现这个千年的梦想，蒙氏兄弟又动手制作了一只更大的气球，高度为20.7米，直径为13.6米，可以载两个人，而且可以在空中加燃料，使气球得以持续充气。

1783年11月22日，载着皮拉特尔和达朗伯爵的热气球终于升上了天空。该气球在巴黎上空飞行了25分钟，全航程为8千米，几乎飞越了大半个巴黎。这次飞行比莱特兄弟的飞机飞行整整早了120年。

1783年11月21日，皮拉特尔和达朗伯爵乘坐“蒙哥尔费”热气球，在滚滚浓烟和热气中徐徐升空，飞向法国首都巴黎上空，在25分钟之后，安全降落于8千米以外的地方。这是人类历史上第一次气球载人的自由飞行。

在蒙氏兄弟向法国人民展示他们的神奇飞行物之后，法国科学院的一位年轻教授J·查理开始研究更先进的热气球——以氢气作为上升的动力，因为氢气比热烟气轻得多，纯氢的重量仅是空气的1/14，每1立方米氢气提供的浮升力比每1立方米100℃的热空气提供的浮升力大4倍。于是，查理便用绸布缝制了一个气球，模仿蒙氏兄弟，做了只容积约为40立方米的大气球，但填充的是氢气。

1783年8月27日，查理在巴黎放飞了气球，氢气球飘行了25千米，最后落在一个小镇上。同年12月1日，查理和罗贝尔乘坐一个直径8.6米的氢气球在巴黎升空，短短的两个小时，在空中飞行了50千米，实现了人类第一次乘坐氢气球的飞行。

在现代，热气球被国际航联定为最安全的航天器。并广泛应用于体育、商业和高空科学探测与实验中。

“孔明灯”

“孔明灯”又叫天灯，相传是由三国时的诸葛亮（字孔明）所发明的。当年，诸葛亮被司马懿围困于阳平，无法派兵出城求救。诸葛亮算准风向，制成会飘浮的纸灯笼，系上求救的信息，其后果然脱险，于是后世就称这种灯笼为孔明灯。另一种说法则是这种灯笼的外形像诸葛亮戴的帽子，因而得名。

1783年12月1日，查理乘坐着他的氢气球飞向天空，这是人类第一次成功地完成了载人氢气球的飞行。其后数年间，这种灌氢的气球在法国大行其道，被称为“查理气球”。

降落伞

Parachute 开创了人类从天而降的历史

18世纪80年代，氢气球出现了，为人们探索升空道路提供了新工具，但氢气球常常发生爆炸等事故，威胁着升空者的安全。于是，聪明的人们不断探索，开始了对降落伞的研究。当加纳林从800米的高空被降落伞安全地送回地面时，人类就实现了从天而降的梦想。

传说我国上古时代，有个叫舜的人，幼年失去了母亲，父亲瞽叟娶了后妻并生了个儿子。此后，瞽叟偏爱后妻生的儿子而不喜欢舜，甚至想杀害舜。一天，瞽叟让舜去修粮仓。当舜爬到粮仓上时，瞽叟就放火烧粮仓，想烧死舜。粮仓的火势越来越猛，情急之下，舜将两顶斗笠牢牢抓在手上，然后像小鸟张翅一样，从粮仓上飘然而下。意外的是，他竟毫发无伤。尽管这只是一则传说故事，但它表明我国早在4000多年前，就对降落伞有过尝试了。

在我国的明朝时期，一些艺人创造了一个新的表演节目——跳伞。演员站在很高的塔台上，手握张开的特制雨伞往下跳，以博取观众喝彩。这种表演后来传到欧洲，被欧洲人改进，他们利用绸制的“翅膀”，从教堂上、宫殿或塔上往下跳，进行杂技表演。

而试图凭借空气阻力使人从空中安全着陆的设想，首先是由意大利文艺复兴时代的巨匠达·芬奇加以具体化的。他设计了一种用布制成的四方尖顶天盖，人可以吊在下面从空中下降。这可以说是人类历史上初次尝试设计的降落伞。

第一个在空中利用降落伞的是法国飞船驾驶员布兰查德。1785年，他从停留在空中的气球上放下一个降落伞。降落伞吊着一只筐子，筐子里面放着一只狗。最后，狗顺利地着地。接着在1793年，他

最早用降落伞的记载是法国人勒诺尔基。1783年，他使用降落伞从一个观察塔上跳了下来。

本人从气球上用降落伞下降，可是他在着地时摔坏了腿。这一年，他正式提出了从空中降落的报告。

当时的法国上流社会热衷于科学试验与探险活动，此时社会公众关注的热点是热气球升空试验。另外一个飞船驾驶员加纳林也做了类似于布兰查德的试验：让气球把人带到高空，再跳伞降落下来。他仿照当时阳伞制作了一把硕大的伞，用肋状物撑开，伞下系着一个小吊篮。他将站在吊篮里降下——因为他清楚地知道，在高空中自己会无力用手抓住这样的一顶大伞。

1797年，法国人加纳林在巴黎一个公园上空从升至800米的载人气球中跳下，成为世界上首个跳伞者。

1797年10月22日，在巴黎的莱蒙公园上空，一只氢气球将加纳林带到了800米的高空。然后，加纳林一拉系在气球上的释放绳，他和降落伞便离开了气球，带着加纳林的吊篮缓缓下降。至少有数万人在场观看，为他欢呼喝彩，是这位英雄开创了人类从天而降的历史。

但是，此时在吊篮里的加纳林却没有半点成功的喜悦。由于降落伞中心没有排气孔，鼓足了的空气只能从伞侧逸出，这顶大伞被弄得晃来荡去，摇摆得很厉害。等这位首次跳伞的英雄落到地面时，他趴在吊篮口上呕吐不止，根本无法接受蜂拥而至的人群的祝贺。

19世纪时，跳伞几乎成了航空表演中一项不可缺少的节目。放飞气球时，气球下常带有一个吊架，降落伞松弛地系在吊架上，跳伞者被绑坐在吊架上。等气球升到高空以后，跳伞者便解开降落伞，跳下吊架。此时的降落伞已经改进，顶部开了导流孔，能够控制方向下落了，跳伞表演变得越来越自如和安全了。

达·芬奇睡眠法

意大利文艺复兴时代的巨匠达·芬奇是一位刻苦勤勉、惜时如金的人，他创造的定时短期睡眠延时工作法甚为人们所称道。这一方法是通过对睡与不睡的硬性规律性调节来提高时间利用率，即每工作4小时睡15分钟。这样一昼夜花在睡眠上的时间累计只有1.5小时，从而争取到更多的时间工作。

蒸汽轮船

Steamboat 开创了航运史上的新篇章

蓝色的大海不仅唤起了人们无穷的遐想，也唤起人们征服海洋的愿望。船只的出现，从一开始便载着人类的幻想与渴望四处远航。人类使用船舶作为交通工具的历史悠久，在经历了舟筏、帆船时代后，进入以蒸汽机为动力的航行时代——轮船时代。

18世纪，瓦特蒸汽机被应用到轮船上。至此，一个改变世界的时代——蒸汽时代来临了。

18 世纪末，法国人乔弗莱·达万设计制造了一艘木制轮船——"皮罗斯卡菲"号。船长约 42 米，重达 180 余吨，船上有一台蒸汽发动机，用活塞连接双棘轮机构，带动明轮转动而推动船只前行。1783 年 7 月 15 日，就在"皮罗斯卡菲"号正式下水试航时，锅炉却发生了爆炸，"皮罗斯卡菲"号很快沉入了河底。

另一个探索者是美国人约翰·菲奇。1785 年，约翰·菲奇开始设想制造一艘真正的汽船，周游海上世界。于是，他四处奔波，最终获得了在新泽西、宾夕法尼亚以及纽约等州建船和经营航运的所有权。1788 年，这艘梦中之船——"实验"号诞生了。船长 13.7 米，两侧各安装 6 把长桨，用一根铁杆连接，依靠蒸汽机的活塞推动铁杆作水平运动，便可带动长桨一起划水。这艘蒸汽船能载 33 名旅客，在逆风中每小时航行 3.5 千米的路程。1790 年，他又造出一艘时速 12 千米的明轮汽船，但因忽视了造船成本和经营费用，因而未能

蒸汽汽船的出现，大大提高了轮船的航行速度。

显示出蒸汽推进的价值。

与菲奇具有同样悲惨命运的还有英国工程师赛明顿。1788年，赛明顿制造出了两侧均装有明轮的轮船“夏洛特·邓达斯”号。这艘船在首航成功后，又被加装了新型发动机，可是当这艘功率强大的庞然大物正准备在水上运输中大显身手时，却遭到了被禁止航行的厄运。陷入困境的赛明顿在悲愤中病逝于伦敦，而“夏洛特·邓达斯”号再也不曾被人理睬，它默默地停泊在河岸边那堆荒草丛中。

“克莱蒙特”号是历史上第一艘真正的蒸汽轮船。它以铁为新型造船材料，以蒸汽机为新的动力系统，以螺旋桨为新的推进系统，开创了造船史的新纪元。

相比于前几位造船先驱的悲惨境遇，美国人富尔顿无疑是幸运的。作为世界蒸汽轮船的鼻祖，他赢得了全世界人民的尊敬。1786年，21岁的富尔顿结识了高效率蒸汽机的发明者瓦特。受瓦特的影响，富尔顿对船舶推进技术产生了浓厚的兴趣，后来在美国驻法公使利文斯顿的帮助下，富尔顿如愿以偿地开始了蒸汽轮船的研究。

1807年，富尔顿建造了一艘长45米、宽9米、排水量100吨的蒸汽轮船“克莱蒙特”号。同年8月17日，这艘用单缸凝汽式蒸汽机驱动的汽船，由纽约驶往了奥尔巴尼。仅32个小时，它就完成了240千米的逆水航程。这次试航成功，意味着人类迎来了水上航行的机械化时代。

1808年，富尔顿又造了两艘轮船——“海神之车”号和“典型”号。逆水逆风之下，时速达到9.7千米，各项性能也更加完善。1809年，富尔顿组建轮船公司，广泛吸纳资金，建造各种蒸汽轮船。

富尔顿这一连串的成功，不仅震惊了世人，也震惊了美国海军。美国海军准备利用富尔顿的造船技术设计、制造新式的战舰和快速汽艇。1812年，为了对抗英国的封锁，富尔顿受命拖着患病的身体为美国海军设计出了快速军舰“德莫洛戈斯”号。这是世界上第一艘以蒸汽作驱动的军舰，航速为每小时11千米。富尔顿的努力，大大加强了美国海军的实力。

执着的富尔顿

几乎所有的发明刚开始都不被人们承认和肯定。富尔顿第一次公开展示他发明的蒸汽船时，没有人相信这东西动得起来。两岸的围观群众不停地说：“动不了，动不了，绝对动不了！”没想到船一下子发动了，冒着蒸汽，“呜呜呜”地向前驶去。围观群众张口结舌看了好一会儿后，改口说：“停不了，停不了，绝对停不了！”可富尔顿丝毫不理会别人的闲言碎语，他最终成功了！

铁路

Railway “铁路时代”的到来

1800年，一位作家曾对铁路运输作过这样美妙的描述：“将来人们旅行的时候，蒸汽机车的速度像鸟儿一样快，达到每小时24~32千米……”随着铁路和机车工艺的发展，这样的预言早已成为历史。如今，人们将体验到速度所带来的前所未有的刺激。

其实，在火车诞生之前，铁路就早已存在了。当然，那时的铁路并不是为了跑火车。16世纪，英国的采煤业发展十分迅速。人们为了提高劳动效率，在煤矿里铺上了木制的轨道，让马拉的小车在轨道上行驶。这样小车可以装更多的煤，马也更省力，跑得更快。

1769年，当瓦特将一种效率更高的蒸汽机发明出来的时候，用蒸汽动力取代马匹来牵引运输车辆，已成为人们的一种渴望。很自然地，就有人想到：可不可以让蒸汽机“行走”，代替马车呢？

1825年9月27日，史蒂芬孙设计并制造的世界第一台商用蒸汽机车牵引着20多节车厢，从达林顿驶到斯多克顿。这被认为是人类历史上第一列旅客列车。铁路运输事业从此诞生了。

蒸汽动力用于陆路运输的主要标志是火车的出现，但将铁路与蒸汽机车相联系，并造出第一辆真正意义上的火车，是英国人特里维西克。

1796年，特里维西克做出

了一辆蒸汽机车模型。之后，他刻苦钻研，不断改进试制方案，终于在1802年造出了第一辆真正的蒸汽机车。他用事实证明，光滑的金属轮子在光滑的金属轨道上完全可以产生足够的牵引力。像所有开创性的发明家一样，特里维西克也面临着一大堆难题：火车经常出事故，不是熄火就是喷火，要不就是翻车，铁轨也无一例外地面临铁轨断裂等问题。

1829年，在竞选优秀铁路机车的比赛中，"火箭"号铁路机车受到了全世界的关注。从此，蒸汽机车在铁轨上开始了它的辉煌。

尽管特里维西克的机车运行取得了成功，但由于无法克服车轴断裂、铁轨断裂的难题，因而没有唤起人们的真正兴趣。当特里维西克自己对机车失去了兴趣时，人们对于蒸汽机车的激情也渐渐地冷却了。

特里维西克虽然没有成功，但他的发明激发了另一位英国工程师乔治·史蒂芬孙的雄心壮志，他立志要完成这项伟大的发明。首先他运用凸边轮作为火车的车轮，以减少对铁轨的破坏；其次，他在车厢下加减震弹簧，用熟铁代替生铁做路轨材料，在枕木下加铺小石块，以减少振动。

当一切的试验都顺理成章地进行完后，1823年，由史蒂芬孙任总工程师，主持修建了斯多克顿至达林顿之间的第一条商用铁路。1825年，他亲自驾驶自己设计制造的"旅行"号机车，在新铺好的铁路上试车，机车牵引着6节煤车，20节挤满乘客的客车厢，载重量达90吨，时速为15千米。没想到，这次隆重的试车取得了空前的胜利，人们为这一奇迹的出现而欢呼。

1830年，史蒂芬孙修建的第二条铁路在利物浦与曼彻斯特之间贯通，这一次，他驾驶的"火箭"号机车完全采用蒸汽动力，平均时速达到了29千米，全线没有出现任何的故障。从此，利物浦到曼彻斯特这条线路就成了世界上完全靠蒸汽机车牵引的第一条铁路线。

史蒂芬孙以蒸汽机车牵引的铁路线，召唤了一个"铁路时代"的到来。正是史蒂芬孙的功劳使铁路迅速地扩展到全球，使世界真正认识到铁路运输的巨大的优越性。从此，巨龙奔驰在地球各地，极大地促进了世界经济的发展。

锋芒初露

乔治·史蒂芬孙，1781年6月9日生于英国一个穷苦的矿工家庭，8岁时就去给人家放羊，16岁时随父亲去煤矿做工，当上了一个给蒸汽机烧锅炉的工人的助手。28岁那年，矿上的一台运煤车坏了，几位权威的技师修了几天，也没能修好，矿主急得团团转。史蒂芬孙知道后，毛遂自荐。在矿主怀疑的目光中，史蒂芬孙仅用一会儿工夫，就将机器修好了，矿主高兴极了，当即任命史蒂芬孙为机械师，还奖了他20英镑奖金。

内燃机

Internal Combustion Engine 强劲的动力来源

如果说，发明于18世纪的蒸汽机极大地提高了工厂大规模生产的产量，为铁路和轮船提供了能量；那么，发明于19世纪末的内燃机则通过汽车大大增加了人们的流动性，成为人们日常交通中最重要的工具之一。

在一个半世纪以前，萨弗里、瓦特等人所发明的蒸汽机已利用了汽缸外的热，然后由热生成的蒸汽进入汽缸驱动活塞。当时人们曾经想到，可以使某种无火焰的气体和空气的混合物在汽缸内发生反应，所燃烧产生的能量便可以直接驱动活塞。假如这样的内燃机被研制出来，那么它要比蒸汽机体积小且启动速度快。于是，1859年，勒努瓦第一个设计用煤气作为燃料，制造出了第一台实用型内燃机。这台内燃机由双作用式蒸汽机改装，采用滑阀以便将煤气和空气的混合物导入装有活塞的汽缸，然后被感应线圈所产生的电火花引燃，推动活塞移动。它是一种使用煤气和混合气的二冲程发动机。

1860年，勒努瓦将这台内燃机装在一辆小型货车上，行驶了10千米，历时3小时。于是这辆车成为世界上第一辆用内燃机驱动而不再“使用马拉的车子”。

在勒努瓦的内燃机发明后，人们为提高它的效率做了许多尝试。1861年，奥托制成一台煤气发动机，1864年与德国工业家欧根·兰根共同研制并改进了一台发动机，并在1867年的巴黎博览会上获得金质奖章。1876年，奥托利用法国工程师罗沙的内燃机原理，设计制造了一台以煤气为燃料、火花点火、单缸卧式的四冲程内燃机，成为内燃机的真正发明者。

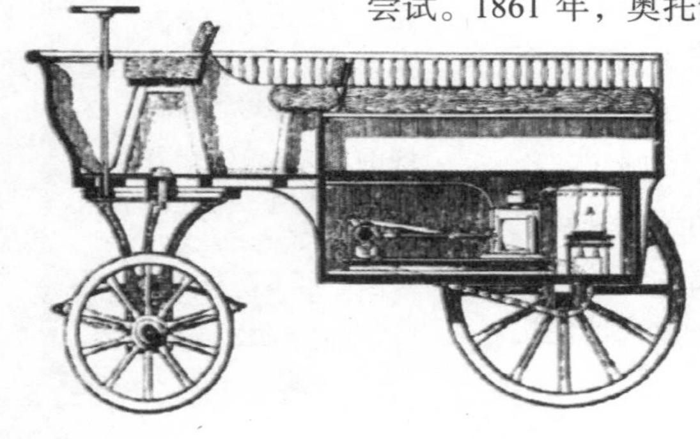

世界上第一辆用内燃机驱动的小型货车

1877 年，奥托获得这一发明专利权，而且这种内燃机很快就得到了广泛应用。他逝世时，人们为纪念这位有重大贡献的发明家，就将四冲程循环系统称为“奥托系统。”

狄塞尔发明的柴油机，在汽车、船舶和整个工业领域得到广泛的发展和应用。上图为纪念狄塞尔诞生 100 周年发行的邮票。

狄塞尔是四冲程柴油发动机的发明者。他出生在巴黎，但父母都是德国人，少年时代为躲避法德战乱，全家逃到英国伦敦避难。战争结束后，狄塞尔在奥格斯堡和慕尼黑工业大学接受教育。大学期间，他开始从事蒸汽机的研究，一心想发明一种新的发动机。大学毕业后，狄塞尔做起了冷藏机工程师，当时他曾打算制造利用氨气的蒸汽机，但最终以失败告终。到了 1885 年，他的兴趣转移到他称之为“合理热机”的问题上来，冷藏机的液氨压缩机在压缩过程中产生大量热量给他留下了深刻影响。

1890 年，狄塞尔回到柏林，潜心研究动力机。狄塞尔希望制造出比汽油发动机更好的柴油发动机。1897 年，他终于成功了。理论上讲柴油机效率要高于汽油机，更适合作为船舶的动力；此外，柴油机无须电子点火，它使用的柴油也比汽油更便宜。第一台发动机的功率为 13 千瓦，热能损耗小，效率达 38%，远比蒸汽机和汽油机高。很快这种机器已经成为发电厂广泛使用的固定发动机，经过不断改进，现在不仅在船舶上使用，而且在大型公共汽车、卡车上也得到了广泛应用。

奥托童年

1832 年 6 月 14 日，奥托出生在德国霍兹豪森镇的一个工匠家庭里。他的父亲是一名制表匠，母亲是一个普通的农民，全家过着清苦而祥和的生活。奥托是家里 6 个孩子之中的长子，也许受父亲影响，他从懂事起就对机械很感兴趣。小时候，奥托常常一个人躲在角落里注视着父亲工作。一堆大大小小的齿轮、皮带经过父亲的手，就变成了一台台精巧的钟表，颇让他感到不可思议。也就是从那时起，小奥托渐渐迷上了机械制造这门玩艺。

狄塞尔研发出的以柴油作为燃料的发动机

轮子

Tire 旋转带来的文明

司空见惯的轮子看起来很平常，但它却是我们生活中不可或缺的东西之一。如果没有轮子，东西就没法滚动；引擎上如果没有轮子，飞机就不能安全起飞和降落……真不敢想象如果没有轮子，人们该怎样生活。

其实轮子并不是某个人制造出来的，而是伴随着人类智慧由远古一步步发展而来的。随着人类社会的发展，车在不断改进，车轮也在不断变化，适应着不同时期和不同车辆的需要，人们对车轮的研究和改进始终没有停止过。

1888年，邓洛普发明了用在自行车上的充气轮胎。在一次自行车比赛中，他的自行车又轻又快，获得了冠军。

1862年，北爱尔兰年轻的兽医邓洛普为了摆脱铁质车轮摇晃不停的缺点，决定试着为它“穿”上一层外衣。他想到了橡胶，因为橡胶既柔软又不易坏。于是，邓洛普找出家里的橡胶胶皮管，把它截下来缠在自行车轮子上，再用绳子把它扎紧。邓洛普让儿子乔尼试骑，乔尼骑后感觉并不舒服。邓洛普想，若不用绳子绑，只在车轮上缠一圈橡胶胶皮管可能会好一些。于是邓洛普开始想办法增加它的弹性，他试着将两个橡胶管叠在一起，用脚踩了踩，并不像想象中的那样有较大弹力。

随后，他往橡胶管里又塞了一些柔软的碎布。往长长的胶皮管里放入碎布并不是一件容易的事，不仅不易进去，即使进去了也不够均匀，而且碎布挤在一块儿又会使一些部位变硬或形成疙瘩。于是，邓洛普又设想在胶皮管里放入粗细均匀的绳子。他找来了一根与胶皮管粗度相等的绳子放进了胶皮管里，结果仍不太令人满意。就在邓洛普快要泄气的时候，他的儿子拿着一个泄了气的足球来找他打气。只打了几下，球体便鼓起来了。为了检查球是否坚硬，他用手按了按，突然他眼睛

邓洛普的充气轮胎在自行车上得到了广泛应用。

一亮，“对！是空气，往橡胶皮管里加入空气一定能成功！”邓洛普立即着手开始试验，他利用足球里面的充气原理，做了许多实验，但每次都失败了。而等到把好不容易制造出来的装了气的橡胶管放入车轮时，一压，“嘭！”的一声就爆炸了。看来，只放入充满空气的筒管还不行，应该像皮球那样把筒管做得结实一些才行。邓洛普用混合帆布的橡胶制造了橡胶筒管的外表层。这一次，他终于成功了。

邓洛普从开始思考制造车轮的轮胎，到有了初步成果，共经历了长达26年的时间。1888年，邓洛普终于制造出了充气轮胎。他的儿子骑着安装了充气轮胎的自行车参加了学校的自行车比赛，结果获得了第一名。与此同时，有关充气轮胎的消息也传遍了各地。邓洛普马上就为他的发明申请了专利，随即他放弃了兽医职业，并筹集了资金，建立起世界上第一家轮胎制造厂，从事橡胶轮胎生产。从此，充气轮胎以其轻松、方便的性能而广受欢迎，他的发明很快便在自行车上得到了应用，并迅速迈向了汽车领域，为世界汽车工业的发展做出了巨大的贡献。

马车的发展

公元前1675年，古埃及人发明了有制动装置的马车，能使马车在很短的距离内停下来；12世纪以前的马车多为两轮单辕，需要由两匹马来拉；到了12世纪，古罗马人发明了前轴可以转向的四轮马车，使马车的结构有了较大的发展；进入13世纪后，四轮马车已十分盛行，此时马车的车厢开始采用弹簧悬置结构，并加大了后轮，使乘坐的舒适性大大提高。只是，制造轮子的材料还仅仅限于木材，直到橡皮充气轮胎的出现才最终发掘出了轮子发展的潜力。

轮子被视为人类最古老、最重要的发明。也许车轮最伟大的作用便是使人可以搬动大大超过自身重量的物体。下图描绘的是古埃及奴隶用木轮车搬运重物的场面。

红绿灯

Traffic Light 交通安全"守护神"

一场爆炸吓退了开发交通信号装置的人们的雄心壮志，之后很长一段时间，信号灯在交通领域销声匿迹。然而现实的需要是不会照顾人们畏缩情绪的。面对日益匆忙的车流和人群，红绿灯系统迅速发展起来。

我们现在所说的红绿灯，真正的名字就叫"交通信号灯"，它最早诞生在英国伦敦。红、黄、绿这三种全世界都通用的交通信号，来源于对服装颜色的构想。

19 世纪初，在大不列颠帝国中部的约克城，妇女们对衣服的穿着与颜色十分考究。并且十分有趣的是，红、绿装分别代表女性的不同身份，那些结了婚、有了家庭的年轻妇女们，为了避免再受到一些人的追求，就会穿起红衣服来表示她们已经结婚；而那些未婚的小姐则穿起了绿衣服，表示自己还没有嫁人。时间一长，穿衣无意形成了这样一种习惯。英国政府受红绿装的启示，就将它作为交通信号灯的构思，开始研制。

1903 年，伦敦的交通问题日益严重。马车、机动车和自行车混行的状态使交通变得更为拥挤。

由于英国伦敦议会大厦前经常发生马车轧死人的事故，1868 年，一位名叫查德·梅因的警员，提出建议：为防止议员们被街上繁忙的车辆给撞到，可以给英国议会大厦附近大街的交叉路口上，安装一个交通信号灯。他的建议，得到了英国政府的肯定。12 月 10 日，信号灯家族的第一个成员——煤气红绿灯，在伦敦议会大厦的广场上诞生了。

它由当时英国的机械师纳伊特设计制造。这种煤气红绿灯看起来有点像当时的铁路信号装置，它是由信号杆和红绿两色旋转式方形玻璃提灯组成的。其信号杆高达 7 米，杆顶挂着信号灯，红色表示"停

止”，绿色表示“注意”。在灯的脚下，一名手持长杆的警察依照车辆的多少而牵动皮带，转换提灯的颜色。

后来，人们又在信号灯的中心装上煤气灯罩，在它的前面装有两块红绿玻璃交替遮挡。不幸的是，1869 年 1 月 2 日，这个只面世 23 天的煤气灯突然发生了爆炸事故，致使一位正在值勤的警察因此而断送了性命。事后，城市交通信号灯被取缔。

红绿灯的宣传画

随着城市化水平的不断提高和人们生活节奏的加快，人们不得不借助汽车这种方便的交通工具。只是，拥挤的道路造成的堵车现象越来越严重，于是，人们便呼唤一种新的交通信号装置。1914 年，红绿灯在美国率先恢复，不过这时已是“电气信号灯”了。这种信号灯由红、绿色圆形投光器组成，在俄亥俄州的克利夫兰进行了第一批安装，红灯亮表示“停止”，绿灯亮表示“通行”。稍后在纽约、芝加哥等城市也相继出现了安全的红绿灯。

随着各种交通工具的进一步发展和交通指挥的需要，第一盏名副其实的三色灯（红、黄、绿三种标志）于 1918 年诞生。它是三色圆形四面投影器，被安装在纽约市五号街的一座高塔上。至此，红、黄、绿三色信号形成了一个完整的指挥信号系统。

黄色信号灯

黄色信号灯的发明者是我国的胡汝鼎，他曾怀着“科学救国”的抱负到美国深造。一天，他站在繁华的十字路口等待绿灯信号，当他看到红灯而正要过去时，一辆转弯的汽车“呼”地一声擦身而过，吓了他一身冷汗。回到宿舍，他反复琢磨，终于想到在红、绿灯中间再加上一个黄色信号灯，提醒人们注意危险。他的建议立即得到有关方面的肯定。于是红、黄、绿三色信号灯即以一个完整的马路工具出现在世界上。

随着各种交通工具的发展和交通指挥的需要，第一盏名副其实的三色灯(红、黄、绿三种标志)于 1918 年诞生。它是三色圆形四面投影器，后来被安装在马路的每一个十字路口。由于它的诞生，使城市交通大为改善。

摩托车

Motorcycle 轻便灵活的飞驰

摩托车是一种用汽油驱动，依靠手把操纵前轮转动方向的两轮车或三轮车。轻便、灵活、行驶迅速的摩托车一经发明，很快就成为了应用广泛的交通工具。

戴姆勒，德国工程师、发明家、现代汽车工业的先驱者之一，于1872年设计出四冲程发动机。

距今7000年以前，人类从一个地方到另一个地方的唯一方法就是走路。不久，人们开始驯养牲畜来驮运东西或帮助人走路。大约在公元前3500年，美索不达米亚的一位撒马利亚人绘制了一辆样子非常古怪的殡仪车，这标志着有轮子的运输工具出现了。之后，人们用不同的动力推动轮子，这种方式成为主要的交通方式。

19世纪后期，随着汽油发动机的出现和充气轮胎的应用，德国人戴姆勒投入到汽油摩托车的研究之中。

这时，世界公认的“汽车鼻祖”——德国人卡尔·本茨，正在研制用内燃机推动的机车，这两项发明几乎是并驾齐驱的。1885年春天，本茨开始试制一种四冲程汽油发动机的汽车。同年秋天，戴姆勒则在斯图加特附近的宅院里第一次骑上了他的摩托车。他们谁也不知道相隔97千米的对方在干什么，也不知道彼此的存在，两人却在为同一个目标奋斗着：研制一种新型的代步工具。

作为工程师的戴姆勒从1872年就一直跟着内燃机的发明者奥托在科伦工作。那时，奥托正在研制燃气内燃机。戴姆勒这时却在想着用汽油蒸汽来代替煤气，用电子点火系统代替持续火焰点火，从而把奥托的固定发动机变成移动式的发动机。他为了实现

1885年，戴姆勒将一台发动机安装到了一台框架的机器中，世界上第一台摩托车从此诞生了。下图为戴姆勒的摩托车模型。

自己的想法而离开了奥托，搬回到自己的工厂。

戴姆勒最初研制的摩托车结构粗糙，轮子是用木头制造的，排气管安装在座位下面。但是，这些并没有阻止摩托车发明的进程。当戴姆勒把摩托车的各个部位组装起来的时候，除了速度慢和噪音大以外，似乎已经很完美了。戴姆勒认为对乡下的邮递员来说，他的摩托车可能是最有用的。

摩托车在一开始还像个“丑小鸭”一样毫不起眼。当第一次世界大战爆发以后，交通工具的需求量便开始直线上升，由于摩托车的价格便宜，成为了汽车行业的一大劲敌，军警也开始广泛使用这种车来进行侦察。在第一次世界大战之后第二次世界大战爆发前的 21 年间，摩托车行业发展迅速，跨斗摩托车也在这时开始出现，四冲程双缸发动机也开始运用到了摩托车上。第二次世界大战之后，和平的阳光照耀着整个大地，人们开始尽情地享受生活，摩托车很快就被汽车所取代。但是，摩托车并没有因此而被抛进工业时代的垃圾堆中，高速旅行和体育竞赛开始将摩托车文化演绎得有声有色。

就这样，从摩托车的发明到现在，仅仅 100 多年的时间内，摩托车以及关于摩托车所衍生出来的文化早已渗透到我们的生活当中。

在印度城乡各地，摩托车是最主要的交通工具。上下班高峰时段，摩托车队几乎溢到了人行道上。上图为印第安摩托车的广告宣传画。

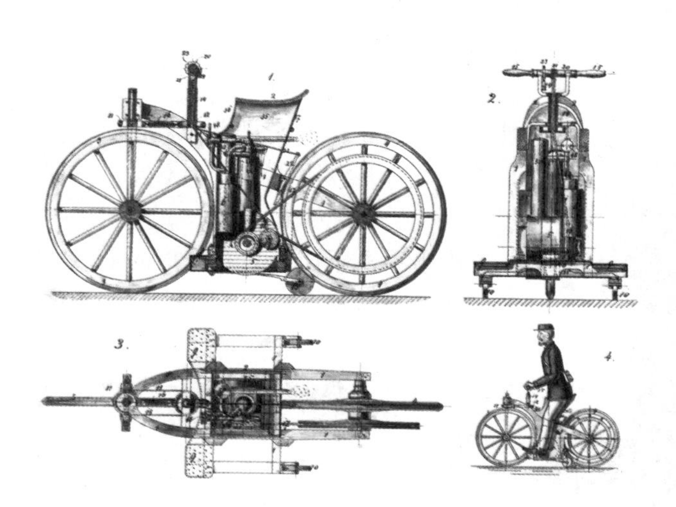

摩托车示意图

哈雷摩托车

哈雷摩托车，以其纯金属的坚硬质地、炫目的色彩、大排量大油门所带来的轰响，让战后迷茫的年轻人发狂。为了与狂热、叛逆、不羁的风格相配，他们穿上印有哈雷标志的外套、毛边牛仔裤和粗犷的皮靴，身体文上哈雷的标志，纵马驰骋般呼啸而过。这副装备后来逐步完善，成为浓缩了激情、自由和狂热的一种精神象征，并吸引越来越多的哈雷迷。

磁悬浮列车

Maglev 让列车飞起来

在众多高科技列车中，磁悬浮列车可能是一种最理想的交通工具。这种列车在运行时以常规列车无法达到的速度悬空在轨道面上，真正可以算得上是一种会“飞”的列车。

20世纪，众多的交通运输方式群雄并起。四通八达的航空线、密如蛛网的高速公路线迫使一度独领风骚的铁路运输业步入“夕阳产业”行列，而高速铁路的出现和迅猛发展，为它注入了新的生机。因为比之航空和高速公路，高速铁路具有耗能低、占地少、运输量大、安全性能高的优势。目前的磁悬浮列车则是高速列车的宠儿，被称为新世纪的“神行太保”。

1908年，昂内斯将最后一个被认为是永久气体的氦气成功液化。图为昂内斯在莱顿实验室工作时的情景。

我们知道，从轮子发明的那一天起，所有的车辆都采用车轮与地面或钢轨的摩擦使车辆向前运动。运动的速度越快，摩擦力就越大，当摩擦力足以毁坏车轮或钢轨时，列车的速度就达到了极限。如果想要获得更高的速度，就得尝试通过克服车轮与钢轨之间的摩擦力来提高车速。在众多高新科技的列车形式中，磁悬浮列车正是克服了这种摩擦力才达到了常规无法达到的速度。

磁悬浮列车能飞驰在轨道面上，主要归功于超导技术。1911年，荷兰物理学家昂内斯将水银冷却到零下40℃，使它凝固为一条线，并对它通以电流。当温度降至零下268.9℃时，昂内斯发现水银中的电阻突然消失了。后来，人们把这种电阻突然消失的现象叫做超导现象。在温度和磁场都小于一定数值的条件下，

导电材料的电阻和体内磁感应强度都突然变为零，这种特殊的导电状态就称为超导态，在很低的温度下呈现超导态的导体就是超导体。

1933 年，迈斯纳和奥森费耳德通过进一步的研究发现，金属处在超导态时其内部磁感应强度为零，即能把原来在其体内的磁场排挤出去，也就是说，在超导体内，根本不会发现任何磁场。即使原来导体中有磁场存在，一旦变为超导体以后，磁场就统统被排斥在磁场之外。正是由于超导体的抗磁性，会对磁铁产生一个向上的排斥力，这种排斥力使列车行驶时不与铁轨直接接触，人们开始研制的磁悬浮列车就是利用磁极同性相斥的原理，将超导磁体安装在列车底部，再在轨道上铺设连续的良导体薄板。电流从超导体中流过时，产生磁场，形成一种向下的推力，当推力与车辆重力平衡时，车辆就可悬浮在轨道上方一定的高度了。

磁悬浮列车与目前的高速列车相比，具有许多无可比拟的优点。它可靠性能好，维修简便，最主要的是它的能源消耗极低，不排放废气，无污染。磁悬浮列车集计算机、微电子感应、自动控制等高新技术于一体，是目前人类最理想的绿色交通工具。

随着高科技的发展，高速、平稳、安全、无污染、噪音小的磁悬浮列车吸引了越来越多的国家开发研制。

“绝对零度先生”

昂内斯（1853～1926），荷兰物理学家。他主要研究的领域为低温物理。在低温实验室建成后，他攻克了越来越低的温度，其成绩是：1904年液化了氧；1906年，液化了氢；1908年首次使最后一个“永久气体”——氦液化。其后，使用液氦获得0.9K以下的超低温。当时地球上的最冷点在莱顿实验室，这一点也不过分，他本人也当之无愧地被人称为“绝对零度先生”。

肥皂
Soap 清洁武器

有位牧师曾经说过“清洁仅次于圣洁”。看来，对干净卫生的追求是没有时间和国界的限制的。考古学家就曾在庞贝古城的遗址中发现过制肥皂的作坊，而中国人则在早期就利用猪胰腺和天然碱来制造一种叫做“胰子”的东西。

肥皂之所以能去污，是因为它有特殊的分子结构，分子的一端有亲水性，另一端有亲油脂性。在水与油污的界面上，肥皂使油脂乳化，溶解于肥皂水中；在水与空气的界面上，肥皂围住空气分子形成泡沫。原先不溶于水的污垢，因肥皂的作用，无法再依附在衣物表面而溶于肥皂泡沫中，最后被清洗掉。

据说古埃及国王胡夫热情好客，经常设宴招待客人。一天来往客人较多，厨房里的物品又放置杂乱，人们难以转动身子。可就是在忙乱中偏偏出了差错，食品师不小心踢翻了油灯，油洒了一地。伙夫们都赶来收拾场地，他们用手将沾有油脂的灰捧到厨房外扔掉，再到水盆里洗手。这时他们意外地发现手洗得特别干净。当国王知道这件事后，就吩咐手下人做出沾有油脂的炭块饼，放在洗漱的地方，供客人使用。这正是肥皂的雏形。

无独有偶，古罗马人的肥皂也经历了同样的命运。起初，古罗马

在很长一段时间里，肥皂是深受妇女喜爱的洗涤用品。

人用羊油脂和山毛榉炭灰压制成一种称作“萨波”的物质，并用它来把头发染成浅棕红色。后来，有一次罗马人在节日里忽遇大雨，头发被淋湿了，人们却意外地发现头发干净了。从此，罗马人便将“萨波”作为清洁剂来使用。

早期的肥皂是奢侈品，直至1791年法国化学家卢布兰用电解食盐方法廉价制取氢氧化钠成功，从此结束了古老的制碱方法，肥皂才得以进入普通百姓家。上图则为早期的肥皂宣传画。

公元70年，罗马帝国学者普林尼第一次用羊油和草木灰制取块状肥皂获得成功，罗马开始了肥皂生产。这项技术在欧洲逐渐传播开来。公元2世纪，肥皂已专门用来洗东西。到8世纪，大多数的南欧国家已生产和使用肥皂了。法国的马赛和意大利的热那亚、威尼斯、萨沃纳等都是生产肥皂的主要城市，因为这些地方有橄榄油和氢氧化钠，原料来源方便。公元1000年后，尤其在西班牙，制造肥皂成了一种重要的行业。

1524年，英国女王伊丽莎白一世下令建厂，世界上第一个最具规模的肥皂工厂在英国的布里斯图勒建成。

各地生产的肥皂尽管销往各处，被广泛使用，但仍属价格昂贵的奢侈用品。直到19世纪，普通家庭一般自制“软皂”，把动物油和桦木灰混合起来，制造很容易。“硬皂”则是工业制品，由植物油和海藻灰提炼的碱混合而成，往往加进香料。

1791年，法国化学家卢布兰用电解食盐的方法制取氢氧化钠成功，从此结束了从草木灰中制碱的古老方法。19世纪初，合成碱被发明出来，这就使大规模地廉价生产肥皂成为可能，等到20年代，大规模的制碱法出现了，从此肥皂价格下跌，成为普通家庭的生活必备品。

英国女王伊丽莎白一世

“胰子”的来源

我国魏晋时期有一种洗涤剂叫“澡豆”。唐代孙思邈的《千金要方》和《千金翼方》曾记载，把猪胰腺的污血洗净，撕除脂肪后研磨成糊状，再加入豆粉、香料等，均匀地混合后，经过自然干燥便成可作洗涤用途的澡豆。然而，由于要大量取得猪胰腺这种原料十分困难，所以澡豆未能普及，只在少数上层贵族中使用。后来，人们又在澡豆的制作工艺方面加以改进，他们在研磨猪胰时加入砂糖，又以碳酸钠代替豆粉，并加入熔融的猪脂，混合均匀后，压制成球状或块状，这就是“胰子”。

玻璃

Glass 多彩的透明世界

从首次制成玻璃到当今的玻璃世界，其间经历了漫长的岁月。几千年来，玻璃的用途越来越广，玻璃的种类也越来越多，美观的造型和低廉的工业成本，为我们美好的生活增添了神奇的透明背景。

玻璃到底诞生于何时，连考古学家也说不准，但可肯定的是，在古埃及和美索不达米亚，玻璃已为人们所熟悉。

到了中世纪时期，意大利的威尼斯是玻璃制造业的中心。威尼斯玻璃制品样式新颖，别具一格，因而畅销全欧洲乃至世界各地。威尼斯玻璃业有 800 多年的历史，15～17 世纪为鼎盛时期。当时，威尼斯玻璃艺术品跃为世界之冠。但威尼斯玻璃制造工艺的秘密，很快传到法国、德国、英国，到 17 世纪时，玻璃厂已经遍及世界许多地区了。

平板玻璃多用在门窗上

最古老的平板玻璃的制作是把熔化的玻璃注入内部平整的泥模中使其冷却，然后再磨光和抛光其表面。直到 20 世纪，这种生产工艺仍在沿用。但是回顾平板玻璃的历史，我们仍然会被先辈们的智慧所折服。

早在 14 世纪，人们就会使用铁管吹玻璃泡来制造小玻璃板。在吹玻璃泡时，工匠们一边吹一边尽可能快地旋转铁管，玻璃泡在离心力的作用下向外扩展，形成表面较为平整的大圆盘，然后从

玻璃与铁管的接口处切断,让其冷却成圆形的玻璃板。

由于圆形的玻璃板不容易固定，后来，人们又采用一种新的方法生产方形的玻璃板，工匠们把吹制成圆柱形的玻璃管从中间切开，展平后让其自然冷却，这样，一块方形玻璃板便制成了。随着生产力的不断发展，平板玻璃的制作工艺也日趋成熟。

1947 年，玻璃的制作工艺依然很复杂。要生产像橱窗、车窗和镜子使用的高质量的玻璃，就必须以磨光的玻璃板为原料。这种玻璃是把从熔炉里流出来的熔融玻璃，碾压成一条连续不断的带子，由于带子的表面跟碾压机是平行的，因而不会留下印记。但是这种带子的两面都必须磨光，就意味着将会产生大量的玻璃废屑和花费很多的钱。

为了改变现状，英国科学家皮尔金顿冥思苦想，1952 年他有了让玻璃的熔液浮在一种天然平滑的液体表面的想法，接着，他花了 7 年的时间和 700 万英镑开始研究一种新型的玻璃——浮法玻璃。

浮法玻璃是这样加工的：把熔化的玻璃从熔炉里抽出来，使其成为一条连续的玻璃带，让其浮在盛满锡溶液的池子表面。由于锡的分子结构比玻璃紧密，因此，锡溶液能在相当长的时间内保持很高的温度，使浮在其表面的玻璃上凹凸不平的部分熔化，这样，玻璃板变得又光又平。

随着现代科学技术和玻璃技术的发展及人民生活水平的提高，玻璃不仅成了普通的生活用品，更成为继水泥和钢材之后的第三大建筑材料。

玻璃的故事

古希腊时代著名的学者普林尼写过一个发现玻璃的小故事。说很早的时候，一艘腓尼基人的商船在地中海一个海湾搁浅了，他们下船到岸上准备生火做饭，可是平坦的沙滩上竟然找不到一块石头，于是他们取下几块船上运送的货物——苏打，然后支起大锅来做饭。当他们饭后准备离开的时候。一名船员发现在炉灰中有闪闪发光的小颗粒。这些小颗粒是腓尼基人从来没有看到过的。他们认为这些小颗粒是由岸上的沙子和苏打经过燃烧加热生成的。这些小颗粒便是我们现在称做的玻璃。

在阳光下熠熠生辉的玻璃温室

眼镜

Glasses 清晰的世界

人类天生就不是完美的动物，其体力远不及大象，其听觉远逊于蝙蝠……然而，正是这些缺憾造就了人类的智慧，从而创造了辉煌的文明。眼镜正是这样一项伟大的发明，它打破了人类生理视力能力的制约，使人类走进了一个海阔天空的世界。

古人们早已知道凸透镜使东西看起来变大了的事实，而第一个想到用透镜来矫正视力的人，是来自佛罗伦萨的科学家索文诺·德格里·阿马迪。大约在1280年，他用水晶磨成一对凸透镜，制成世界上第一副远视眼镜。阿马迪将他的发明机密告诉比萨的亚历山大·迪拉·斯皮纳修道士。后来，斯皮纳将这个秘密公诸于众。于是，到14世纪上半叶，意大利出现了许多眼镜制造厂，许多意大利人都佩戴了眼镜，而威尼斯也成了眼镜制造中心。

拉斐尔的名画——教皇利奥十世像

至15世纪，用于矫正近视的凹透镜也被制造出来。拉斐尔的名画《教皇利奥十世像》上，就出现了这种眼镜。自此，镜片不再根据年龄分类，而是根据度数分类。

可是在阿马迪发明眼镜的时候，还没有眼镜架。当时的眼镜，有人用手举着，有人把它缝在帽子上，有人则放在眼窝上……就这样胡乱戴了好几百年。16世纪，德国开始制造有镜桥联结的眼镜。后来又出现了夹子式镜架，戴上这种眼镜，鼻梁压挤得难受，当然很不舒服。有人无意中发现了耳朵的妙用，把眼镜的两条腿弯一下，让它挂在耳朵上不是很方便吗？于是出现了带镜脚挂在耳朵上的眼镜。第一副带镜脚的眼镜是在16世纪末，由埃尔·格雷科制成的，从此，眼镜的形状基本固定下来。

19世纪中期，镜片设计经历了从平面镜片到双凹镜

片或双凸镜片的过渡，最终于1890年左右出现了我们今天通常采用的新月形曲率矫正镜片。

1784年，富兰克林发明的双焦点眼镜片，上半部可以用来远眺，下半部则用于近距离阅读。

值得一提的是，今天颇为流行的隐形眼镜在19世纪就已出现。1827年，隐形眼镜首先由英国物理学家约翰·赫歇尔爵士设想出来，到1887年，瑞士苏黎世的弗里克医生研制出精度较高的镜片后而得以实现。

19世纪后半期，对眼镜的光度研究也取得了进展。1860年，远距离视力表由屈勒和斯内伦编制出来，使视力量化。1872年，开始使用屈光度来表明透镜屈光能力的大小。

进入20世纪，眼镜得到了更全面的改进和发展。人们很早就发现玻璃并不是制作眼镜的最理想的材料，存在重量大且易破碎的弱点。20年代，耐磨性及抗冲击性较强的水晶镜片被制作出来，由于价格昂贵，能接受的人并不多。二战期间，人们从制造飞机驾驶窗的有机材料中受到启发，经多次试验，改进制成了树脂聚合物。战后，这种聚合物开始用于镜片制作。

后来随着人们生活水平的提高，对物质质量的要求也越来越高。为了防止强光炫目，人们用彩色玻璃制成了太阳眼镜，有灰、绿、茶、墨绿等多种颜色。近年来，由于变色玻璃的问世，变色玻璃眼镜或称自动太阳镜也应运而生。现在，还出现了用来治疗失眠症的催眠眼镜；能够帮助行动困难的人开电灯、开电视等的视控眼镜。眼镜的功能也正在不断扩大。20世纪90年代，美国甚至开发出一种智能型渐变折射率玻璃镜片，这种镜片可以使电脑、太阳能电池、照相机的光学系统发生革命性的变化。

培根与眼镜

13世纪中期，英国学者培根看到许多人因视力不好，看起书来很不方便，就想发明一种工具来帮助人们提高视力。一天雨后，培根来到花园散步，看到蜘蛛网上沾了不少雨珠，他发现透过雨珠看树叶，叶脉放大了不少，连树叶上细细的毛都能看得见。看到这个现象，培根高兴极了，他立即跑回家中找到一颗玻璃球。但透过玻璃球看书上的文字，还是模糊不清。他又找来一块金刚石与锤子，将玻璃割出一块，拿着这块玻璃片靠近书一看，文字果然放大了。

后来培根又找来一块木片，挖出一个圆洞，将玻璃球片装上去，再安上一根柄，便于手拿，这样人们阅读写字就方便多了。

钟表

Clock 衡量时间的标尺

今天，随风飘荡的钟声以及指针滴答的移动声，将我们带入了另一个世界。在这个世界里，无论是飘然而逝的过去，还是不可预知的未来，都被指针清晰地定格在了一根无限长的数轴上。钟表的出现，使人类能够精确地把握生命中的每分每秒。

在古代，人类主要利用天文现象和流动物质的连续运动来计时。中国人发明制造的日晷、漏壶，以及水运仪象台都是世界上最古老的计时器。而能够持续不断工作的钟表的出现，改变了白天黑夜分别计时的传统，使一昼夜 24 小时的计时制得以推行。这一计时制的出现，成为时间观念史上的一件大事。

欧洲古老的机械钟，出现在 14 世纪的欧洲，它是由挂在绳子一端的重锤所驱动，绳子的另一端绕在一个轴上，随着重锤的下降，轴相应地转动，再通过齿轮带动钟的指针旋转。

古老的钟表

1510 年，德国锁匠彼得·亨兰率先用钢发条代替重锤，创造了用晃状轮擒纵机构的小型机械钟表，然而这种表的计时效果并不理想：发条若是上得太紧，指针就会走得过快；发条若是上得过松，指针就会运行得慢。

针对这一缺点，捷克人雅各布·赫克对其进行了改进。他设计出一个锥形涡轮，由锥形涡轮和一卷发条共同组成表的驱动机构。当发条逐渐舒张时，它通过一条绳子带动锥形涡轮和表内的齿轮。锥形涡轮的形状恰好能够补偿发条作用的变化。当发条卷紧时，作用力强烈地作用在锥形涡轮的顶端，这里的杠杆作用较弱；当发条慢慢放松时，它的拉力就减弱，作用力作用在涡轮轮子的底部，而这里的杠杆作用则较强。因此，钟表机械得以均匀地运转。

1657 年，荷兰物理学家惠更斯首先把重力引入钟表，做成了世界上第一台精确的摆钟。摆钟不像以前的钟表要另设驱动机构来推动对称横臂，而是由地球重力推动。随着单摆被用于时钟，时钟的精度越来越高，到了 17 世纪中叶，钟表的最小误差已由每天 15 分钟，减少到 10 分钟。精确时钟的出现，使各地区的时间协调统一起来。

摆钟的出现大大提高了时钟的精确度，使人类掌握了比较精确的测量时间的方法。

17 世纪后期，游丝的发明，为现代精密机械钟表的出现奠定了基础。机械钟表虽有多种结构形式，但其工作原理基本相同。它主要是由原动系、传动系、擒纵调速器及指针系式上的条拨针系条组成。到了 18 世纪启蒙运动和工业革命开始的时候，钟表制造业已逐步实现工业化生产，并且达到了相当高的水平。钟表已经充分扮演了“一切机器之母”的重要角色，成为社会生活快节奏的缔造者。

到了 20 世纪，随着电子工业的迅速发展，电池驱动钟、交流电钟、电机械表、指针式石英电子钟表、数字显示式石英钟表相继问世。1929 年，在贝尔实验室工作的英国人霍顿和加拿大裔美国人玛利森首次研制出晶体石英钟。这种高质量的石英钟在温度不变的环境中每天误差仅 0.1 毫秒或误差十亿分之一。石英钟一经问世，便引起了人们的轰动。

1942 年，著名的英国格林尼治天文台也开始采用石英钟作为计时工具。20 世纪 70 年代，石英钟的制作技术突飞猛进，应用同一原理制成的石英表亦开始风靡全球。继石英钟之后，更为先进的原子钟问世了。它是由原子振动来控制的，是目前世界上最精确的钟，即使经过 100 万年，其偏差也不会超过 1 秒钟。如今，时间观念已经渗透到每一个人的生活中，守时成为一种美德。

惠更斯

荷兰著名物理学家惠更斯，1629 年 4 月 14 日出生于海牙。他自幼聪明好学，思想敏捷，多才多艺，曾受到当时的名人笛卡儿的直接指导。1655 年，在布雷达大学获法学博士学位；1663 年，惠更斯访问英国，并成为刚建不久的皇家学会会员；1666 年，他应路易十四邀请，任刚建立的法国科学院院士。他对力学的发展和光学的研究都有杰出的贡献，在数学和天文学方面也有卓越的成就，是近代自然科学的一位重要开拓者。

镜子

Mirror 真实的反馈

无论是最初的以水为镜，还是以后逐渐发展起来的铜镜、水银镜，都表现出人类渴望了解自己的美好愿望。镜子向人们展示了一个真实的世界，无论美与丑、高或矮，都将在这个世界中得到公正的评价。

传说有一年的三月初三，王母娘娘开蟠桃盛会，于是，仙女们都来赴会。可是，她们用的胭脂太多了，多得流到了天河里，又从天河泻到了牡丹江上游的大山中，汇成了一个大湖，凑巧的是，不知是谁不小心把王母娘娘的宝镜也摔落下来，宝镜掉入湖中，湖水顿时变得如宝镜一样明亮，后来，人们就为这个湖起名为“镜泊湖”。传说归传说，但在某种程度上，它却真实地反映出水在镜子的发展中对人类所起到的重要启迪作用。

早期意大利人使用的镀金镜子

玻璃镜子的发明者是意大利的玻璃制造工匠达尔卡罗兄弟。兄弟二人出生在威尼斯一个专门制作玻璃的穆拉诺小岛。儿童时代，他们就经常随父亲进玻璃作坊，亲眼看见玻璃工匠们把一团稀糊糊的溶液做成有模有样的玻璃制品的奇妙过程。

长大后，达尔卡罗兄弟先后成为作坊的正式工匠。由于他们悟性高、天资聪颖，很快便得到了师傅的真传，但是达尔卡罗兄弟却并不满足。当他们看到岛上姑娘们梳妆用的玻璃效果不理想时，他们就将制作出光洁明亮的玻璃镜作为自己的奋斗目标。此后，达尔卡罗兄弟经常在一起探讨，琢磨着为什么池塘里的水是以黑暗的大地作为衬垫的？他们做出了大胆的设想——如果在玻璃的背面也加一层深色的衬垫，镜中会出现清晰的影像吗？

为此，达尔卡罗兄弟试着将矿粉、木屑、面粉、铜等涂在玻璃上，但效果都不理想。有一次，他们选用熔点较低的锡作为试验对象，将熔化的锡水倒在玻璃上，然后用一根细细的滚筒将锡水碾成均匀的薄薄一层。待锡冷却后，兄弟俩翻开玻璃一看，他们挂满汗滴的脸庞清晰地映在了玻璃中。他们终于找到了合适的涂料。

借助于镜子人们可以整理自己的仪容

可是，经过一段时间的试用，达尔卡罗兄弟发现这种玻璃镜子时间一久，背面的锡箔就会脱落。于是，他们又对制镜工艺进行改进，先将玻璃制成锡箔镜，再把水银倒在锡箔镜上。这样，水银能够慢慢地溶解锡，形成一层薄薄的锡和水银合金，制成的玻璃镜子反光能力强，而且涂料不容易脱落。

玻璃作坊的老板一直在关注着达尔卡罗兄弟的发明进展。当他得知达尔卡罗兄弟发明成功后，立即开始制作玻璃镜子，并很快将它投入市场。果不其然，达尔卡罗兄弟发明的水银镜十分走俏，成为豪门贵族的珍品。特别是威尼斯国王向法国王后献了水银镜之后，法国的贵妇人和小姐们也纷纷效仿，以拥有水银镜为荣，因此，尽管水银镜价格昂贵，但仍供不应求。

法国由于购买水银镜，大量的金银财宝流入了威尼斯。因此，法国政府决定自己创办水银镜工厂。在达尔卡罗兄弟的帮助下，法国驻威尼斯大使成功地将3个工匠偷渡出境，运送到法国。1666年，法国建造了第一个制造玻璃镜子的工厂。从此，水银镜的制造奥秘被公布于世，镜子的价格也一落千丈。就这样，水银镜渐渐地成为了普通家庭的生活用品。

银镜

由于制造水银镜工艺复杂，而且水银有毒性。于是，100多年前，德国科学家改进了工艺，发明了“镀银法”。其做法是：在玻璃上镀上一层极薄的银层，然后在银层外面再刷一层红色的保护漆。这种做法工艺简单，而且制出的玻璃镜子既清晰又耐用。我们今天使用的镜子，那一层发亮的镀层是铝，而那种威尼斯式的水银镜目前只有在博物馆里才能见到。

抽水马桶

Flush Toilet 卫生水准的量尺

当你入住一所漂亮的房子时，总要关注它的排水系统和卫生设施是否完备，而和这些有着密切联系的是抽水马桶。很难想象，人们能在一个没有完善的抽水马桶和地下排污设施的城市呆多久。

1595年，伊丽莎白女王的侍臣约翰·哈林顿爵士，在意大利旅行途中听说了一项令人神往的发明，即一种用水冲掉污物的厕所。当时，伊丽莎白女王上厕所时感到很不舒服，一直抱怨宫殿里弥漫着未倒空的便器味儿。于是，哈林顿前来解难，在里士满宫中试修了一个抽水马桶，结果证明很成功。

哈林顿的设计只是一个超越时代的特例。当时的抽水马桶由于没有任何排污的主管道、没有自来水、也没有什么钱来支付管道装设费用等因素，对大多数人而言仍是不切实际的。他们的排污方法只有一个，就是让掏粪工人将粪便集中起来用车运走，倒进化粪池，化粪池装满后，又得重新挖新的，一切依然照旧。

早期的抽水马桶

到了1775年，伦敦有个叫亚历山大·克明斯的钟表匠，改进了哈林顿的设计，从而研制出了第一种普遍使用的抽水马桶。这种马桶上方有一个水箱，一拉手柄，打开阀门，水就流下，同时打开滑阀，把金属马桶里的粪便冲入粪坑。自此，抽水马桶开始受到人们的欢迎。

18世纪后期，英国发明家约瑟夫·布拉梅在克明斯发明的基础之上，又改进了抽水马桶的设计。他采用了一些构件，诸如控制水箱里水流量的三球阀，它能把出口封住；另外还有U形管，它能够保证污水管的臭味不会让使用者闻到。布拉梅改良的抽水马桶1778年取得了专利权。

1870 年，英国陶瓷工匠泰福德设计出整体式陶瓷马桶，它的成本比金属马桶低，它有一条蛇形排水管，即S形管，或者说是下水道的存水湾，它总是保存一些水，这些水相当于一个密封垫，将管道内积存的臭气堵住。

1889 年，英国水管工人博斯特尔发明了冲洗式抽水马桶，它结构简单，采用了储水箱和浮球阀，所用的阀门和杠杆比以前少，所需水压也低得多，一拉链子，水就从上面的铸铁水箱冲下来，把马桶冲洗干净，水箱水位降低后，浮球阀就自动打开，屋顶水箱里的水就把水箱重新灌满。至此，抽水马桶的结构基本上稳定下来，而抽水马桶的铸铁零件也尽可能地改成了不生锈的塑料。

直到 19 世纪后期，欧洲的城镇都已安装了自来水管道的排污系统后，大多数人才用上了抽水马桶。

如今，虽然许多人仍在沿用老式马桶，但随着新建住宅的涌现，城市化的扩大，越来越多的人家都将使用抽水马桶。而曾被看作是藏污纳垢之地的厕所，也因为抽水马桶的冲洗方便和清洁卫生，消除了人们那种紧张和不舒服的感觉。

奥斯威辛集中营是纳粹德国在第二次世界大战期间修建的 1000 多座集中营中最大的一座。面积达 40 平方千米，由于有上百万人在这里被德国法西斯杀害，它又被称为“死亡工厂”。上图为奥斯威辛集中营中的厕所。

世界上最早的抽水马桶

抽水马桶发明至今已有四百年，其萌芽却可以追溯到更久远的年代。中国考古学家在河南一座两千年前的西汉王墓室中发现了世界上已知最早的抽水马桶。这个石头做的抽水马桶有马桶座和扶手，可以通过水管的水冲刷。据考古学家分析，这是汉王陪葬的方便用品之一。对此，他们评价：“这个高级的马桶是世界上迄今为止所发现的最早的，也就是说，中国人最早使用抽水马桶。”

缝纫机

Sewing Machine **为制衣业插上腾飞的翅膀**

在缝纫机发明之前，缝纫是用手工操作的一种很慢很艰苦的工作。将一根针这种简单的传统缝制方法逐渐发展成为一台复杂的机器，是把多种新创意和多项发明融合在一起的结果。

18世纪晚期工业革命开始后，纺织工业的生产促进了缝纫机械化的发展。1790年，英国首先发明了世界上第一台先打洞、后穿线、缝制皮鞋用的单线链式手摇缝纫机。19世纪时，又出现了许多缝纫机械化的设想。1830年，法国一个名叫巴瑟莱米·蒂蒙尼尔的穷裁缝成功地制成了第一台缝纫机，这台缝纫机主要是用木头做的，相当笨重。

在美国，缝纫机得到了进一步的发展。美国人艾尼尔斯·豪和艾萨克·辛格在互不知道的情况下，都独立设计出了实用的缝纫机。

艾尼尔斯·豪第一个制造出用针尖带孔的针进行双线连锁缝纫的缝纫机。一次偶然的机会，他从朋友的谈论中得知，如果发明一种能代替手工完成缝纫工作的机器就会发财致富。于是，从1841年起，艾尼尔斯·豪就将全部精力投入缝纫机的研究中。经过5年的努力，艾尼尔斯·豪终于在1846年为他的缝纫机申请了专利。

1851年，辛格发明了第一台实用缝纫机并获得专利权。

一开始，艾尼尔斯·豪发明的缝纫机没有引起美国人的注意，因为它操作起来太难，所以并没有被大规模地推广。艾尼尔斯·豪有些失望，他在没有挖掘到缝纫机的潜力之前就草草地将缝纫机发明专利权转让给了英国人。但他并没有放弃对缝

纫机的研究，后来他到英国去工作，并继续完善他的发明。一番努力的结果是：他的缝纫机不仅能加工布制品，同时也能缝纫皮革和其他类似的材料。

另一位美国人，艾萨克·辛格较艾尼尔斯·豪晚数年研制出第一台实用的缝纫机。1851 年，辛格接受了修理一台缝纫机的工作，在修理时，他萌发了自己动手制造缝纫机的念头。11 天后，他设计出经过改进的一台样机，并以"胜家"公司的名义公开出售。这种缝纫机的特点是可以连续进行曲线缝纫，用一个装有弹簧的压脚压在布料上面，使之保持好摆放位置，布料随着下面的一个牙轮的旋转而向前移动。辛格在这台机器的设计中将蒂蒙尼尔和豪的机器中的部件组合起来，既可以靠转动把手进行手工操作，也可以用一个脚踏板操作，克服了操作难度大的困难。

辛格的缝纫机很快便受到人们的青睐，不久就风行全美国。尽管获得了这样巨大的成功，但辛格后来却因为剽窃艾尼尔斯·豪的发明而被起诉。辛格为此每年要付给豪一笔巨额款项，但他并没有因此而放弃缝纫机的生产，他的缝纫机生产还是壮大起来了。

辛格的成功在很大程度上要归功于他已认识到"卖得越多，所获得的利润就越大"，因此，他所在的"胜家"公司开发了廉价制造缝纫机的方法，采用成批的生产工艺和分期付款销售方式，深受人们的欢迎，其业务量也不断增加。到 1860 年，"胜家"公司已成为世界上最大的缝纫机制造厂家。

从此以后，缝纫机在设计上虽不断地改进，也增加了不少新的特点，但其基本原理未变。20 世纪早期，有的缝纫机上还装上了电动机，而今天的电子缝纫机，已能用各种复杂的针法进行自动缝纫。

曾经的辉煌

20世纪七八十年代，缝纫机是深受中国人欢迎的"结婚四大件"之一（另外三件自行车、手表、收音机），上海的蜜蜂牌、蝴蝶牌（早期叫无敌牌）缝纫机曾供不应求。大约自90年代始，购买成衣成为中国人的衣着习惯，缝纫机开始逐步退出家庭。许多小型裁缝店亦被大型的服装厂兼并，服装厂工人们使用的是电动缝纫机，家用缝纫机的辉煌已渐渐成为过去。

缝纫机的发明大大减轻了妇女的家务负担，也对19世纪60 年代以后的服装款式产生了重要影响。缝纫机的出现，使衣服的制作变得更为容易和精致。

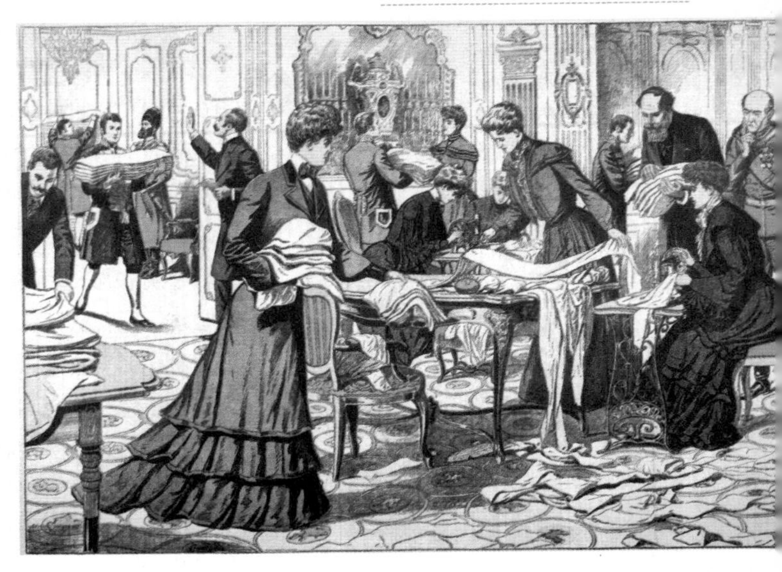

雨衣

Raincoat 一次不经意的发明

我国古代早就有了用棕丝编织的蓑衣，这可能是最早的雨衣。用橡胶制作雨衣，这个看似没有复杂科技含量的发明，却为我们带来了无尽的便捷。更难能可贵的是，它是出自于一个名不见经传的工人之手。

在英国苏格兰的一家制橡皮擦的工厂里，有一个名叫马辛托什的工人。

当时，生产橡皮擦的工序非常简单：把从南美运来的生橡胶倒在大锅里熬煮，等熔化后再加入一些漂白剂漂白，然后倒在制橡皮擦的模型中，等它冷却下来就凝结成一块块橡皮擦了。

有一天，马辛托什正端起一大盆熔化的橡胶汁，往一大排模型里浇灌，一不小心，脚底下滑了一下。他急忙稳住身子，好在胶汁没打翻，虽然侥幸没被烫伤，但衣服前胸洒满了橡胶浆。无奈，他只得用手去抹沾在衣服上的橡胶液，企图把它擦掉。可是，衣服上的污点粘的牢牢实实的，根本擦不掉。由于这一天的工作特别忙，他便没有去换衣服。

无论是在繁华的城市，还是在空旷的田间地头，雨衣已经成为人们遮风挡雨的重要工具。

下班的时候天色已晚，马辛托什没有换衣服就匆匆离开了工厂。回家的路上，忽然下起大雨来。倾盆大雨将马辛托什淋成了落汤鸡。回到家，他赶紧更换衣服。就在这时他发现，被橡胶汁浇过的地方，竟然没有被雨水湿透。这真是一个意外的发现。善于捕捉灵感的马辛托什抓住了这个机会，他联想到：如果在衣服上有意浇上一层橡胶液，不是可以做到滴水不入了吗？

马辛托什立即动手试制理想中的防水雨衣。可是在衣服上涂橡胶很难涂匀，将橡胶液涂在布

上，再做衣服。这样做还是不行，橡胶很容易被蹭掉。经过一番研究，马辛托什想出了一个办法。他用两层布，先在一层布上浇一层橡胶液，再把另一层布覆盖上去。这样，布面上看不到橡胶了。他用这种夹橡胶的双层布料做成大衣，先在自己身上试穿，觉得相当舒适。下雨天，他特地穿着它到旷野里转了一圈，回到家里脱下来一看，里面的衣服一点也没湿。他高兴极了，于是，立即跑到专利局去申请专利。

图为中国古代的蓑衣，用草或棕制成，是古代劳动人民披在身上的防雨用具。

接着，马辛托什便筹措资金，想办厂生产自己发明的防雨衣。一个精明的资本家看中了这个有利可图的新发明，便出资支持了他。这样，世界上第一家雨衣工厂在苏格兰诞生了。橡胶雨衣投放市场后，十分受欢迎。马辛托什成了雨衣的发明人。

后来，橡胶雨衣的名声越来越大，引起了英国冶金学家帕克斯的注意，他也兴趣盎然地研究起这种特殊的衣服来。帕克斯感到，涂了橡胶的衣服虽然不透水，但又硬又脆，穿在身上既不美观，也不舒服。帕克斯决定对这种衣服做一番改进。

没想到，这一番改进竟花费了十几年的工夫。到 1884 年，帕克斯才发明了用二硫化碳做溶剂，溶解橡胶，制取防水用品的技术，并申请了专利权。为了使这项发明能很快地应用于生产，帕克斯把专利卖给了一个叫查尔斯的人。以后便开始大量地生产，“查尔斯雨衣公司”的产品也很快风靡全球。

不过，人们并没有忘记马辛托什的功劳，以后经过不断地改进，市面上出现了许多新颖的雨衣，像塑料雨衣、尼龙涂塑雨衣等，但马辛托什最初发明橡胶雨衣的功绩是不可磨灭的，大家都把雨衣称作“马辛托什”。直到现在，“雨衣”这个词在英语里仍叫做“mackintosh”，即马辛托什。

马辛托什

马辛托什生于苏格兰的一个工人家庭，贫穷的家境使他在少年时代就进工厂做工了。他很聪明，也很爱学习，虽然工作十分繁重，但他稍有闲暇便跑到图书馆读书。机会总是眷顾那些有准备的人，由于马辛托什的细心使得他在1823年的一次意外中发明了用橡胶制作的雨衣，为人们雨天出行带来了极大的方便。

邮政

Post 情系万家，信达天下

三千年前，中国古代官府就曾设置驿站，利用马、车、船等传递官方文书和军情，可以说是世界上最早的邮政雏形。如今，四通八达的邮政系统使人们的生活更加便利、快捷、高效。

在信封诞生之前，人们对保守信件秘密颇伤脑筋。据说，古希腊的奴隶主为了保守秘密，曾经使用奴隶的头皮来传递消息。他们先将奴隶的头发剃光，在头皮上写信，待头发长长后，便把这封“信”送出，收“信”人只要将送信的奴隶的头发剃掉，就可以读到“信”的内容。古希腊奴隶的头发也许是最能保守秘密的原始信封了。直到1820年，英国布赖城的书商布鲁尔在海滨度假时的偶然发现，才使世界上第一批纸质商品信封问世。原来，布鲁尔在海滨度假时发现，女士们十分喜欢写信，但多情的女士们又怕信中的内容被别人知道，于是，布鲁尔就萌发了设计一种纸糊的信封的想法。没想到，布鲁尔设计的信封投放市场后，深受妇女们的喜爱。

19世纪初，伦敦的邮递马车从人们手中收集信件。

1844年，伦敦又出现了第一台糊信封的机器，与此同时，法国人马凯也开始了信封的工业化印制。从此，纸质信封便风行全球。

让我们再回到19世纪30年代，来看看邮票是如何产生的。那时候，英国寄信的规矩是：邮资由收信人支付，如果收信人不付邮资，那他就得不到这封信，邮差便把这封信退还给寄信人。

有一天，一位名叫罗兰·希尔的

爵士正在乡间的小路上散步，这时他刚好看见一位邮差与一位姑娘为一封信的邮费而争执。原来，邮差把信送到姑娘手中时，姑娘只是看了一眼信封，便把信件退还给了邮差，而拒付邮费。罗兰·希尔看到这一情景，便为姑娘支付了昂贵的邮费，之后，他问起姑娘拒付邮费的原因。原来姑娘为了免付如此昂贵的邮费，又可与在外的丈夫互通音讯，便约定如果丈夫一切安好，就在信封上画个小圈，妻子只要看到这个标记就放心了，而不必把信留下。姑娘的一番话以及她的行动使罗兰·希尔陷入了深深的沉思，他深深感到邮政制度给人们带来了这么多不便，决心进行改革。

经过认真思考，希尔出版了一本小册子，其中提出了一整套改革方案。他主张实行统一的收费标准，不论路程远近，凡是重量不超过半盎司的信件都收费一便士，印制一种标签，卖给寄信人，发信时把它贴到信封上，作为预付邮资的凭证。希尔经过三年的努力，终于说服了政府和议会，他的建议得到采纳，上面说的标签就是后来出现的邮票。

1840年5月6日，世界上第一枚邮票诞生了，这枚邮票的图案是维多利亚女王18岁时的侧面头像，它的底面为黑色，面值为一便士，是英国早期发行的著名的“黑便士”邮票。另一种是面值为两便士的“蓝便士”。希尔爵士虽然没有直接设计世界上最早的具有现代意义的邮票，但因他的构想得到世人的认可，因而希尔被公认为是邮票的发明人。

邮递工作人员把收集来的信件集中后再分类处理。

1840年发行的一便士“黑便士”邮票和两便士的“蓝便士”邮票。

邮票的今天

随着当代盖邮戳机的应用与电子邮件的迅速普及，邮票的使用量在不断减少。即便如此，邮票的每年世界使用量还是数以十亿计的。收藏者是邮票的一大主顾，为了迎合这些用户，邮政当局发行了很多纪念邮票，例如正值世界杯之际发行的世界杯纪念邮票，还有一些仿古制品。一些小国家的邮票已经不再是为了邮政用途，而是向收藏者售卖，作为自身财政一大来源，如梵蒂冈、列支敦士登、圣马力诺。

牛仔裤

Jeans 越简单越经典

牛仔裤原本是19世纪的美国人为应付繁重的日常劳作而设计的一种作业服。时过境迁，当年粗重的劳动装，如今跻身时装界，巧妙地迎合流行，不断地变换出新的款式，风靡全球，在时装领域开辟出了一片无可替代的广阔天地。

1850年，列维·施特劳斯和数十万怀着淘金梦的小伙子一样，来到美国旧金山。起初，他开了一家百货店，给淘金者们提供小百货、布料等。热闹非凡的淘金场面、蜂拥而来的淘金工人，给列维带来了灵感，他到远处贩了一批帆布，准备高价卖给工人搭帐篷作临时住宅用。谁知在将帆布运回的路上遇到了连绵阴雨，等他把帆布运到工地时，绝大多数淘金工人已经在下雨前安营扎寨了，因此，这批帆布也就没有任何用途了。眼看所有的积蓄就要花光，而投资却一无所获，列维急得团团转。经过几天的观察，他发现工人们的衣服破得快，列维灵机一动：何不将这批结实耐磨的帆布裁制成裤子卖给那些淘金工人呢？

淘金工人在劳动时，常常要把沉甸甸的矿石样品放进裤袋，沉重的矿石经常会使裤袋线崩断开裂。牛仔裤正因此应运而生。

列维当即找到自己经营杂货店时认识的雅各布·戴维斯裁缝，向他说了自己的想法。于是，雅各布就根据工人们的体型和工作特点，将作帐篷用的帆布缝制成了几百条耐磨结实的“干活时穿的裤子”。列维把这批裤子拿到淘金工地去推销，结果大受欢迎。1853年，列维开办了自己的第一家工厂，以淘金者和牛仔为销售对象，大批量生产“列维”牌工装裤，获得了大量的利润。

为了以优质产品应市，列维购买了一批法国涅曼发明的经纱为蓝、纬纱为白的斜纹粗棉布，这种新式面料不仅坚固耐磨而且美观大方，一上市就大获成功。开始时，雅各布是自己裁剪，然后交给一些女裁缝、家庭妇

女，让她们带回家缝制。但由于工装裤需求量过大，所以没多久两家专门的制作工厂便应运而生。

这种本来专门为矿工设计的劳动裤子，最初还是重体力劳动者的一种象征，但是20世纪50年代，美国好莱坞的几位男影星在一些描写西部生活的影片中穿用了它，结果创造出了一种别样的着装风格——将洒脱、粗犷、浪漫各种元素融为一体。自此，列维发明的工装裤在美国西部流行起来，成为大众的新装，尤其受到西部放牧青年的喜爱，人们给了它一个新名字叫“牛仔裤”。

1871年，列维·施特劳斯为自己的牛仔裤申请了专利，并成立了“列维·施特劳斯公司”，专门制作销售牛仔裤。后来，这个牛仔裤公司发展成为国际性公司，产品遍及世界各地。

20世纪70年代，牛仔裤进入最辉煌的时代——本来是男士专用的牛仔裤走进了女性衣装的天地，并在缤纷的女装世界里悄然酿造出一种中性化的青春派势：牛仔裤与各种衣衫的搭配中，创造着一种色彩沉稳优雅、款式单纯洗练、做工精致完美的风格。尽管这种做工精细的牛仔裤崇尚造型简洁和颜色温雅，但款型本身变化并不大，这反而更加体现出了牛仔裤款型的稳定和对优美感的专心追求。

上图为生产牛仔裤的“列维·施特劳斯公司”，人们繁忙工作的劳动场景。

“牛仔裤大王”

列维·施特劳斯于1829年出生在一个德国犹太家庭，因为厌倦了家族世袭式的文职工作，18岁时就追随两位哥哥远渡重洋到美国去淘金。在美国，列维开了一家日杂百货店。极具商业眼光的他，抓住了当时西部牛仔和淘金者的需要，制成了坚固、耐久、合身而且时尚的牛仔裤，推向世界市场。列维·施特劳斯也因此而成为闻名于世的“牛仔裤大王”。

白炽灯

Incandescent Light Bulb **走进光明世界**

在人类还没有发明照明器具之前，也许只能期盼着银白色的月光早点出现，以驱走黑暗带来的恐惧和不便。如今，当夜幕将整座城市吞噬时，人们不再惊惶失措，因为只需轻轻按下开关，黑夜便能在瞬间变为“白昼”。这中间的巨大变化，源于白炽灯的问世。

爱迪生在实验室的照片

20世纪初巴黎街头的煤气灯

无论是油灯、蜡烛，还是后来问世的煤气灯，都无法摆脱两个致命的弱点：污染空气和容易失火。能否不用火，但却可以得到光呢？19世纪的众多科学家都为了这个设想而付出了辛勤的汗水。

1878年，19世纪最伟大的发明家托马斯·阿尔瓦·爱迪生写下了这样一段话：“爱迪生要使电力照明不仅具有煤气照明的一切优点，而且还能给人们带来热能和动能。利用热能，可以烘烤面包、烧菜；利用动能，可以开动各种各样的机械……”

同年秋天，爱迪生的实验室已经成为了研究新式照明灯具的“战场”。当时，人们已经知道无论任何物体，只要达到白炽状态就会发光，而爱迪生和他的助手们则先从寻找适合制作白炽灯灯丝的材料入手。在试验的金属中，铂似乎是最理想的一种，它符合电阻高、散热慢的要求。但是铂的价格昂贵，不利于普及。

无奈之下，爱迪生将能想到的1600多种耐热材料全记在了纸上，并一一去试验。一天夜晚，工作了一整天的爱迪生边思考边心不在焉地把一块压缩的烟煤在手中揉搓着，不知不觉中，烟煤已被搓成了一根细线。他突然想试试手中的细线是否会对试验有所帮助。

爱迪生将其截下一小段，放在炉中熏了大约1个小时，再把它放进玻璃泡中，抽去部分空气，然后把电流接上。脆弱的

细线立即释放出了耀目的亮光。细心的爱迪生发现，经过碳化后的细线变得异常坚硬。碳丝灯虽然只亮了很短的时间，但却给电灯的研究带来了成功的希望。

1879年10月21日，在一位玻璃专家的帮助下，爱迪生使用一种新型抽气泵，将灯泡抽成几乎真空后封上了口。当电流接通后，灯丝在真空状态下发出了金色的亮光，并且连续照亮了13.5个小时。这一天，也被历史永久地记录了下来。

成功并未使爱迪生停步，他在继续寻找比碳化棉更坚固耐用的耐热材料。1880年，爱迪生又研制出碳化竹丝灯，使灯丝寿命大大提高；同年10月，爱迪生在新泽西州自行设厂，开始进行批量生产，这是世界上最早的商品化白炽灯。

此后数年中，爱迪生对灯丝材料不断改进，使白炽灯的寿命达到了数千小时，白炽灯也很快因此进入到了寻常家庭。毫无疑问，爱迪生的这一伟大发明在人类历史上开辟了一个新纪元，将人类带入了一个崭新的电光世界。

麦尔多克的煤气灯

在爱迪生发明白炽灯之前，人们普遍使用的照明工具是煤气灯。煤气灯的发现者是一个名叫威廉·麦尔多克的英国工程师。

1770年，威廉·麦尔多克还是个顽皮的小男孩。一天，他在自家花园中玩耍，无意中，他将泥炭里的矿苗带进了地下贮藏室，将它点燃后，竟发出了一丝微光。20多年后，已经成为一名工程师的麦尔多克没有忘记童年时的小发现，他在心中酝酿出一个大胆的设想——将煤燃烧后释放出的气体作为照明的原料。1801年，麦尔多克的煤气灯终于问世了。

地毯厂的女工正在工作时的场景。在每台机器前面都装有白炽灯，可以用来弥补自然光的不足。

可口可乐

Coca-Cola 遍及每个角落

自美国建国以来,最为成功的商品,恐怕还是要数可口可乐。一百多年来,它在国际饮料市场独占鳌头,为可口可乐公司创造了源源不绝的巨额财富。富有传奇意味的是,这种风行世界的著名饮料,起初仅仅是一种“好喝的头痛药”,它的发明纯属意外。

可口可乐宣传画

19世纪80年代,潘伯顿在美国佐治亚州经营着一家药店,他是一个成功的经营者,非常注意医药市场的动态和信息。有一次,潘伯顿在一本医学杂志上看到一篇报道。报道称:1884年,美国医生柯勒从古柯树中提取出一种叫做古柯碱的物质,具有止痛功效。经深入研究和多次实验,潘伯顿用古柯树叶和科拉树籽做原料,配制成名叫古柯科拉的药水在自己的药店出售。由于古柯科拉治疗头痛效果相当好,所以回头客特别多。

1886年5月的一天,住在药店附近的贺斯先生因头疼到药店买古柯科拉。可不巧,药水都用光了。潘伯顿不在,药店的伙计无法到配方房取药。为了应付顾客,平时看惯了潘伯顿配药的伙计,顺手拿了一瓶其他治头痛的药水,配上苏打水糖浆,交给了他。

没过多久,又有一位顾客来店买药,他自称是贺斯的朋友,头也有点疼,喝了贺斯刚买的药水,感觉味道不错且能解渴,来

潘伯顿发明的著名饮料——可口可乐,风靡全球。他也被世人亲热地尊称为“可口可乐之父”。

询问是否有毒副作用。伙计胡乱地敷衍道：“这种药水的原料取之于两种植物，当然不会有什么毒副作用。”其实，他说的是古柯科拉，而他自己刚才配的是什么药水却记不清了。“那我再买几瓶当水喝。”顾客说道。伙计取了几种治头痛的药水交给顾客，顾客都说不是刚才那种深红色的药水。对症吃药绝非儿戏，顾客生气地敲着柜台，厉声呵斥伙计不负责任的态度。

据说，全世界每一秒钟约有10450人正在享用可口可乐公司所出品的饮料。上图为卡车运送可口可乐的场景。

潘伯顿刚巧回到店里，他向伙计打听事情的原委。伙计怕老板责怪自己乱配药，便随口撒谎说顾客要买古柯科拉，可是已经卖完了。潘伯顿连忙上楼重新配制药水。顾客便耐心站在柜台边等。这分明是地地道道的古柯科拉呀！为什么顾客说不是呢？潘伯顿觉得很奇怪，在他的再三追问下，伙计只好供出自己胡乱配药的事实，潘伯顿严厉地批评了他。事情本该到此画上句号，可潘伯顿是一个思维活跃的人，他想：那深红色的药水的味道肯定不错，要不，那位顾客就不会缠住伙计执意要买了，说不定正好是一种新型饮料的配方。

于是，潘伯顿反复将多种药水按不同比例配制。一个月后，他终于配出了风味独特、爽口解渴的深红色饮料。由于它是错配古柯科拉的结果，因此，潘伯顿也把它叫做古柯科拉。潘伯顿当时的助手及合伙人、会计员——罗宾逊，是一个古典书法家，他认为“两个大写C字会很好看”，因此他亲笔用斯宾塞草书体写出了“Coca-Cola”。“coca”是可可树叶子提炼的香料，“cola”是可可果中取出的成分。后来，这种饮料传到中国，翻译者把它译成一个朗朗上口而又颇有意味的名字，即可口可乐。

背后的故事

20世纪20年代，某品牌的国外饮料开始引入上海生产，其中文译名为“蝌蝌啃蜡”，这种饮料的销售状况非常差。于是该品牌专门负责海外业务的出口公司公开登报悬赏350英镑征求译名。当时身在英国的一位上海教授蒋彝，便以“可口可乐”四个字击败其他所有对手，拿走了奖金。现在看来，这个翻译堪称经典。可口可乐，一直被认为是广告界翻译得最好的品牌名。不但保持了英文的音译，还比英文更有寓意。更关键的一点是，无论书面还是口头，都易于传诵。

拉链

Zipper 让口袋开闭自如

在19世纪末以前，一条成人连衣裙或一个长途旅行包起码得装上十几颗扣子，扣上、解开都得花费很长时间，并且妇女们对钉扣子很是厌烦，因为它是一项繁琐费时的工作。拉链的诞生，使一切都变得轻松自如了。

小小的拉链在人们生活中起到的作用越来越大，越来越显示出它的重要性和生命力。拉链，作为本世纪对人类最为实用的十大发明之一，已被载入了历史的史册，可是它却不是一下子就出现的。

在拉链还没有出现之时，衣服上都采用纽扣来系扣。图为生产工人在制作纽扣。

1893年的一天，美国芝加哥市有一个名叫惠特科姆·贾德森的工程师看到妻子钉纽扣钉得手指都磨破了，感到很心疼。为减轻妻子的痛苦，他利用凹凸齿错合的原理，设计出一种可快速滑动的关启系统。他的方法是：在两条布边上镶嵌一个个V形的金属牙，再利用一个两端开口、前大后小的组件，让它骑在金属牙上，通过它的滑动，使两边金属牙啮合在一起，从而发明了“滑动绑紧器”。同年，他把样品送到哥伦比亚博览会上展出，得到参会人员的一致好评，人们把贾德森的发明叫做 “可移动的扣子”，这就是早期的拉链，比起传统的连接方式，拉链的出现无疑是一个很大的进步。

一位名叫刘易斯·沃尔特的上校军官对拉链的情况特别注意，他坚信这是一项伟大的发明。当他离开陆军后，就找到贾德森，并与他一同办起了“宇宙绑紧器公司”和“新泽西郝伯肯钩眼公司”，由贾德森担任技师，开始生产拉链。贾德森又投入了数年时间，努力研制，终于在1904年获得成功，1905年获得与此有关的第5号专利。

1912年，贾德森公司聘请的瑞士工程师森德巴克对贾德森的发明进行了改造，在拉链牙齿背面设计了一套子母牙，才使拉链扣得结实可靠，也精细美观了许多。同年，又研制出能把金属齿夹在布条上、排列成行的拉链机，从此开始进行拉链的商业化生产。而拉链的推广却是从一个偶然的机会开始的。在一次飞机飞行表演中，驾驶员的一只扣子不慎滚落到机器中，造成了机毁人亡的恶性事故。具有商业头脑的森德巴克立刻抓住这一时机，与军事部门联系，建议缝制装有拉链的新军装，从此，美国的海军和空军率先在军服上使用了拉链，拉链至此才被推广开来。

1931年后，拉链开始在世界范围被人们广泛使用，衣裤、背包、裙子、鞋子、睡袋、枕套、公文包、笔记本、沙发垫等，众多日用品都用上了拉链。

小小拉链给人们带来很大方便，如今，拉链的品种更是层出不穷，有铁、铜、尼龙、塑料、混合纤维等多种材料制成的拉链，用途也越来越广泛，其应用也不再局限于日用品，它逐步进入了科研、医疗、军事等领域。现在，全世界每年制造的拉链连接起来，长度超过40万千米，可以绕地球10圈了。

GALOSHES FASTENED WITH KEY THAT LOCKS ROWS OF TEETH

Galoshes are being made to fasten with two rows of metal teeth that lock together as a "key" is pulled across them. It is claimed that this method permits the overshoe to be adjusted in a few seconds and leaves a smooth surface with no buttons or buckles. When the footgear is to be removed, a downward stroke of the fastener separates the two edges. Closing tighter than the ordinary galoshes, cold and moisture are said to have little chance to penetrate to the inside. The key is concealed under the folding top of the boot.

Fastening Galoshes with a Pull on Key that Locks Row of Teeth

拉链，作为本世纪对人类最为实用的十大发明之一，已被载入了历史的史册。如今的拉链不仅仅被用在衣服上，还用在鞋子上。

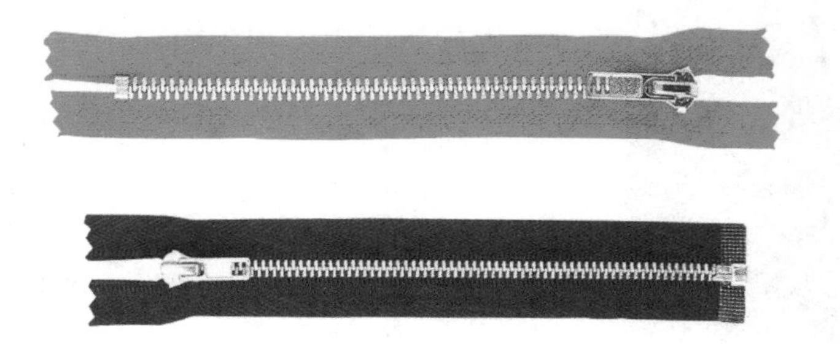

“拉链”的来历

拉链是在1926年获得现在的名称的。据报道，一位叫弗朗科的小说家在推广一种拉链样品的一次工商界的午餐会上说：“一拉，它就开了！再一拉，它就关了！”十分简明地说明了拉链的特点。拉链这个名称由此而来。

安全剃须刀

Safety Razor 男人的宠物

多少年来，男人们试图用各种刀具来刮掉胡子以保持面部的干净整洁。当真正安全的剃须刀问世以后，每天早上刮胡子就成为男士们享受生活的一项重要内容。

1855年，吉列出生在美国的芝加哥城。16岁那年，一次意外的火灾使他的全部家产毁于一旦，吉列被迫出走，在外地做工。有一个雇主发现这个爱好修理机械的孩子很有才华，于是，就建议他发明一种人们既常用而又是消耗品的东西，这样，顾客便会不停地购买。这样的建议虽然非常有效且容易实施，但对市场缺乏了解的吉列实践起来还是显得有点盲目。

1895年，作为推销员的吉列在一次推销商品的过程中认识了发明家佩因特，在与佩因特的交往中，他逐渐学到了一个发明家所应具备的素质——对生活的细心观察和对社会需求的认识。

吉列出品的可换剃刀型安全剃须刀。

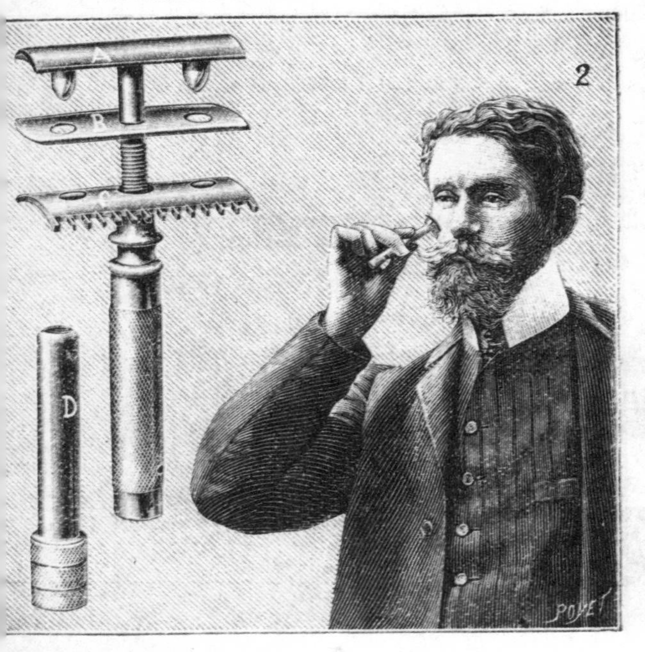

推销员是一种非常注意形象的工作，谁都不希望敲开自己门的推销员有一副邋遢的形象。一天早上，吉列在刮胡子的时候，发现剃须刀是一种人们常用而且消耗量非常大的东西。此后，吉列辞掉推销员的工作，开始潜心研制一种使用更加安全的剃须刀。他设计出了T型安全剃刀夹持柄，但却找不到一家能够生产薄刀片的钢铁厂。当他遇见机械师尼卡森时，一切问题都迎刃而解了。

1901年，投资5000美元的“吉列安全剃刀公司”成立了。

然而做什么事都不是轻而易举的，曾经做过推销员的吉列对商品销售的艰难更是深有体会。吉列剃须刀从上市到推广至美国的大部分市场再到实现大众化需要，整整耗费了 8 年时间。

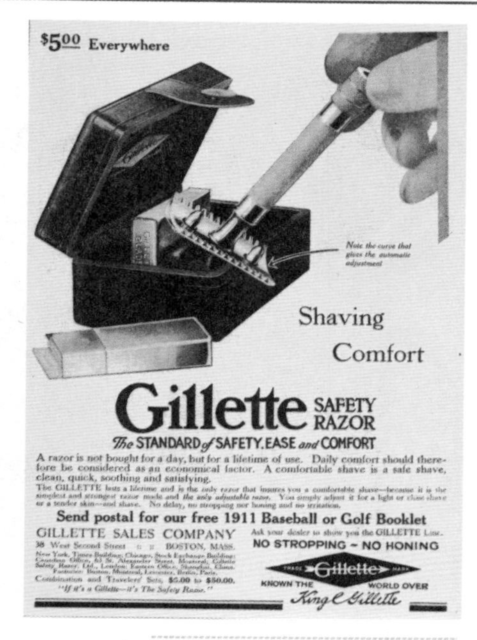

自从吉列创制了世界上第一把安全剃须刀开始，吉列公司就不断地给全世界带来了多种革命性产品，它如今已成为全球男性信赖剃须技术的代名词。

吉列做的第一笔买卖是 1903 年，销售了 51 把剃刀架和 168 个刀片；第二年，售出了 9 万把剃刀架和 1240 万个刀片。机会无所不在，但机会又转瞬即逝，善于抓住机会往往会成为一个企业转机和一个人制胜的关键。1914 年，第一次世界大战爆发了，吉列认为这是一个很好的机会，他决定把安全剃须刀以最优惠的价格供给战场上的将士使用，只要将士们使用了安全剃刀，传统的直柄式剃须刀将会被安全剃须刀替代；等到战争结束，这些将士必然成为吉列公司最忠实的顾客和最有说服力的义务宣传员。事情果然不出吉列所料，战争结束后，一个现成的、稳固而又广阔的吉列剃须刀市场便形成了。

20 世纪 20 年代，吉列又通过广告、赠品等多种促销方式，使安全剃须刀特别是刀片的销量大幅度上升。第二次世界大战时期，吉列公司再次把安全、便捷的剃须刀作为军需品供给政府，从而使安全剃须刀在战后备受青睐；与此同时，吉列公司在世界各地大量投资建立工厂。这样，吉列剃须刀走向了世界各地。

商机无限

随着时代的发展，专门瞄准男人钱包的吉列公司惊喜地发现，有不少女人也开始使用本公司的产品。由于相当多的西方女性打扮越来越趋向于暴露，而她们的腋毛和腿毛却使其形象大打折扣。于是，电动剃须刀和脱毛剂自然而然地进入到了女性消费领域。吉列公司抓住这一大好商机，于 1974 年向全美国女性隆重推出“雏菊”牌专用剃毛刀。自从投入市场后，很快风靡全国，并畅销世界各地，成为与男用剃须刀比翼齐飞的吉列名牌产品。

1928 年，美国退役陆军上校希克设计的第一种适于商业制造的电动剃须刀获得了专利。

不锈钢

Stainless Steel 让你的厨具亮晶晶

如果说英国的绅士们取笑中国人用筷子吃饭的话，那么，在不锈钢被发明出来以前，我们也可以想象那些绅士们吃饭时的狼狈模样：生了锈的刀和叉是那样得难看，可能一块牛肉也要切上好半天……最终，不锈钢的出现，终结了西方绅士们的难堪局面。

亨利·布雷尔利

不锈钢是用途极为广泛的合金材料，曾被人们称为20世纪的钢材。它不仅表面光亮夺目，引人喜爱，而且还具备一些优良的合金性能。目前，各行各业都在大量使用它，人们的日常生活也离不开它。

说起不锈钢的“不锈”，这倒与它的组成有很大的关系。不锈钢的成分中除了铁以外，还有铬、镍、铝、硅等。钢中加入铬等元素后，化学性质就会发生改变，这样腐蚀就变得更加困难，再加上不锈钢表面又附着一层薄薄的氧化物膜，就像给钢铁穿上一件盔甲一样，自然就不容易生锈了。

第一次世界大战期间，英国的冶金学家亨利·布雷尔利受英国政府军部兵工厂委托，研究武器的改进工作。那时，战争需要大量的枪支，但是由于技术条件的限制，士兵们用的步枪膛极易磨损，而且容易生锈。于是，布雷尔利想发明一种不易磨损和生锈的合金钢。后来，他往钢中加入各种各样的元素，做了若干试验。但多次的试验都未获得理想的效果。有一次，他把铬掺入到炼钢的原料里，新材料出来后，外表亮闪闪，十分吸引人。他高兴地把这种钢制成了枪管。可惜，这种钢质地太脆了，在第一次射击试验中，它就“粉身碎骨”了。

在摩托车的制造中，不锈钢被大量使用。

布雷尔利在锈蚀的废铁堆中发现，大部分废铁都锈蚀了，只有几块掺入铬的钢管碎片仍

1941 年，英国冶金专家布雷尔利制出了不锈钢餐刀和餐叉。

用不锈钢作的手表既能防锈，又漂亮美观。

然亮晶晶的。这一发现使布雷尔利十分惊喜，他急忙拾回这些“宝贝”详细研究。

经试验分析发现，这些铬钢任凭日晒雨淋也不易生锈，又不像一般钢铁一样“怕”酸碱。由于铬钢太脆、太贵，不能造枪管，于是布雷尔利把这种不生锈的钢介绍给了一家餐具厂，生产出各种不锈钢刀、叉等，使不锈钢顿时轰动了欧洲。1916 年，布雷尔利取得不锈钢的专利，人们也尊称他为“不锈钢之父”。

后来，许多发明家也都为不锈钢的发明做出过重要贡献。法国科学家吉耶和波特万发明了耐高温、抗震的奥氏体不锈钢，用于食品工业领域。1911 ~ 1914 年，美国的丹齐发明了不锈钢中的另一大类——铁素体不锈钢。现在，不锈钢已发展成为一个合金大家族，品种不下数百种。

不锈钢的发明不仅为人类提供了一种性能更优越的金属材料，让人们体会到方便与美观之外，在化工、航天、航空、石油、交通运输等领域，不锈钢的用武之地将越来越大。

相对的“不锈”

当然，不锈钢也不是绝对不锈的，因为不存在绝对不生锈的金属。不锈钢一般只在非氧化性条件下才比较稳定，在氧化性条件下，就变得不够稳定了此外，不锈钢中铬等元素的含量及其加工过程中的热处理是否适当，也会直接影响它的抗腐蚀能力。可见，不锈钢不生锈并不是绝对的，在特定条件下它也会生锈。不过，对于厨房用具而言，不锈钢容易清洗，而且导热性能好，是一种理想的烹饪用具。

如今，不锈钢制品已经走入人们的日常生活中。尤其对厨房用具而言，不锈钢不仅容易清洗，而且导热性能好，不失为一种理想的烹饪用具。

注射器

Syringe 医生的好帮手

我们的身体像一台复杂的机器，当它不能正常运转时，就应及时到医院就诊。有时，医生会开一种针剂药物，它能更快、更有效地使病人好起来。这时，就需要一种输液装置把它输入病人的体内，这就是注射器。

公元前 1 世纪末期，古印度的外科学已达到了相当高的水平，外科医生拥有大量的外科器械，其中就包括注射器。这些器具全部用淬过火的铁、钢或者其他合适的金属制成。

弗格森使用的玻璃注射器

关于注射器比较确切的记载始于公元 2 世纪古罗马医生盖伦对白内障摘除术的描述：将针式注射器插入晶状体并将细针推过针管，就能够破碎白内障。把细针拔出后，外科医生便用针管吸出碎片并对晶状体进行清理。这一描述证明了当时的眼科医生已经开始用制作极为精良的器械着手工作了。

15 世纪时，意大利人卡蒂内尔曾提出过注射器的原理，1657 年英国人博伊尔和雷恩进行了第一次人体试验。法国国王路易十六的外科医生阿贝尔也曾设想出一种活塞式注射器。

但这些注射器都只能通过人体自然的管道，或通过切开皮肤来进行注射。直到 1853 年，法国的普拉沃兹制成了一个能直接进行皮下注射的注射器。这个注射器是用白银制成的，容量只有 1 毫升，在注射器的末端安上了一个很细的中空针头来代替细管，并用一根有螺纹的活塞棒，其外观跟现代的注射器

已经很相似，形成了现代注射器的雏形。因此，尽管在普拉沃兹之前有人进行过这方面的实验，但大多数人还是认为普拉沃兹是注射器的真正发明者。

由于注射器能将药物直接注入体内，药效直接，大多数医生和患者都喜欢这种治病的方式，普拉沃兹也因此成为医疗器械史上值得纪念的科学家之一。

英国人弗格森是第一个使用玻璃注射器的人。玻璃注射器有很多好处，它透明度好，可以看到注射药物的情况，还能在玻璃管上刻上刻度。另外，金属针头可用煮沸法消毒以备再次使用。

如今，注射器的使用已经非常广泛，它们根据用途而有不同的式样和大小。现代医疗中普遍采用的是一种圆形空心长管，外有刻度，内配一个套筒。这种注射器大多用塑料制造，用一次即扔掉，大大减少了注射时发生感染的危险性。

此外，在打针的时候，肌肉所承受的疼痛令许多人无法忍受。20世纪90年代，英国的发明家克鲁克在一次偶然的机会中发明了无痛注射器。

当时克鲁克正在研究一个文身仪器，实验过程中，仪器突然爆裂了，其中一个针状的金属飞了出去。找了很长的时间，克鲁克发现针状金属居然刺进了他的手臂，而他却一点都没有感觉。克鲁克在自己的手臂上反复进行了试验，经过3年的努力，终于研制出了无痛注射器。

无痛注射器的形状和手提电话差不多，现在已通过英国著名的丘吉尔医院痛楚研究中心的测试。无痛注射器的针头比传统的针头更光滑、硬直、尖细，这样可以不损伤毛细血管，甚至进出皮肤后也全无痕迹。无痛注射器利用压缩空气推动，下针的速度极快，由静止加速至每小时30千米，仅用二万分之一秒，可见速度惊人。它的出现免除了病人接受注射时的痛楚，深受广大患者的欢迎。

注射器的雏形

据史书记载，注射器早在我国古代就以灌肠器的形式出现了。我国汉代医学家张仲景在他的《伤寒论》中写道："阳明病，自汗出，若发汗，小便自利者，此为津液内竭，虽硬不可攻之，当须自欲大便，宜蜜煎导而通之。若土瓜根及大猪胆汁，皆可为导。"又载"大猪胆一枚，泻汁和陈醋少许，以灌谷道（肛门）内，如一食顷，当大便，出宿食恶物甚效。"而灌谷道即"以小竹管……内入谷道中。"这种小竹管就是注射器的雏形。

天花，是世界上传染性最强的疾病之一，是由天花病毒引起的烈性传染病，这种病毒能在空气中以惊人的速度传播。注射器的出现人们有了抵抗天花病毒的有力工具，下图为人们正在接种天花疫苗。

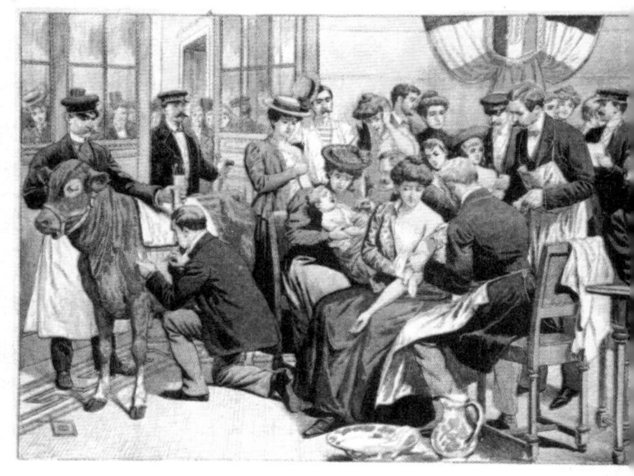

温度计

Thermometer 感知温度的标尺

测量长度有尺子，测量体积有容器，那测量温度该怎么办呢？温度计会给我们一个明确的答复。尽管它的诞生大约只有400年的历史，但其应用范围已经十分广泛。如今，小小的温度计在我们的生活中已经扮演着一个不可缺少的重要角色。

伽利略

意大利文艺复兴后期伟大的科学家，近代实验物理学开拓者伽利略·伽利雷，1592年利用空气热胀冷缩的性质，制造了一个空气温度计。

他将一根细长的玻璃管，一端拉制成鸡蛋一样大小的空心玻璃球，一端敞口，并且事先在玻璃管里装一些带颜色的水，然后将开口一端倒插入一只装有水的瓶子里。当外界温度升高时，玻璃球内的空气受热膨胀，玻璃管里的水位就会下降；当外界温度降低时，玻璃球内的空气就要收缩，而玻璃管中的水位就会上升。伽利略在玻璃管上标上刻度，就可以利用它测量气温了。

此外，意大利托斯卡纳的大公费迪南德对液体温度计的发展也起了很大的推动作用。

为了使温度计不受大气压力的影响，费迪南德用各种不同的液体进行试验，发现酒精在受热以后，体积的变化比较显著。1654年，费迪南德制出了世界上第一支酒精温度计。费迪南德往一端带有空心玻璃球的螺旋状

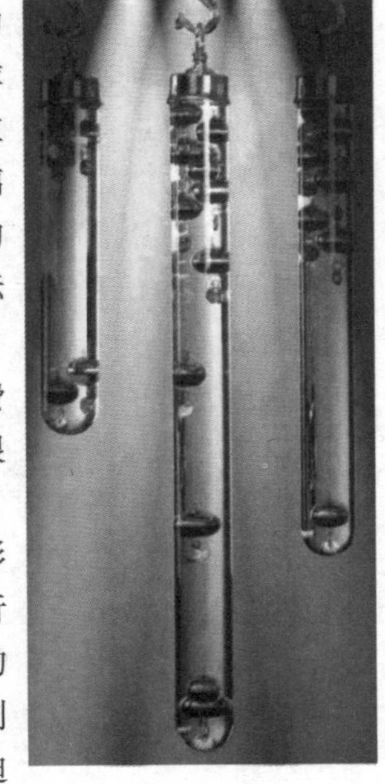

伽利略设计的温度计

玻璃管里注入适量带颜色的酒精，再把玻璃球加热，用酒精赶跑玻璃管中的空气，然后将玻璃管密封，并在玻璃管上标上刻度。于是，第一个不受大气压力影响的真正的温度计诞生了。它在1个标准大气压下，所能测量的最高温度为78℃。因为酒精在1个标准大气压下，其沸点是78℃，凝点是-114℃。

酒精温度计构造简单，制作方便，准确度高，一经问世就得到了广泛应用。今天，我们在家庭中通常用的温度计都是酒精温度计。尤其是在冬季寒冷的北方，人们通常会使用酒精温度计来测量温度。

在酒精温度计问世几十年后，德籍荷兰物理学家加布里埃尔·丹尼尔·华伦海特发明了水银温度计，并且是华氏温标的确立者。

由于酒精温度计受酒精沸点的限制而不适于较高温度的测量，1714年，华伦海特用水银代替酒精，从而取得了关键性的进展。他发现了一种纯化水银的方法，解决了以前由于水银中常混有氧化物，使水银容易附着于玻璃管壁上，影响准确读取刻度的难题。于是，第一个真正精确的温度计诞生了。现在，我们量体温时用的就是水银温度计。

华伦海特还研制了早期的温标，即华氏温标。历史上以华氏温标所定义的温度叫华氏温度。在书写华氏温度的时候，在数值后面加上°F，读作“华氏度”。最初华伦海特选用两个固定点：把水、冰和氯化氨或盐的混合物的温度作为一个固定点，定为0°F，把健康人的体温作为另一个固定点，定为96°F。后又把冰水的混合物作为第三个固定点，定为32°F。后来华伦海特又扩展了他的温标，把水在标准大气压下的沸点作为一个固定点，定为212°F。

随着科学技术的进步，人们早就不再用华氏温标。现在一些国家（美国、加拿大、英国、南非等）在许多情况下仍继续使用华氏温度。

费迪南德制造的酒精温度计

细心的伽利略

一次，伽利略来到比萨大教堂，看见屋顶的吊灯像钟摆一样摆动，他便细心观察起来。伽利略发现：吊灯摆一次的时间，不管摆幅大小，吊灯摆动的时间总是一样的。为此他产生了疑问，因为古希腊哲学家亚里士多德说过“摆经过一个短弧要比经过长弧快些”——这个理论从来没人怀疑过。

经过反复试验，他大胆得出结论：亚里士多德是错误的，决定摆动周期的，是绳子的长度，和它末端的物体重量没有关系。而且，相同长度的摆绳，振动的周期是一样的。这就是伽利略发现的摆的运动规律。

名人名言

思考是人类最大的欢乐。

——伽利略

听诊器

Stethoscope 医学小喇叭

心脏是人类最重要的器官之一，而千百年来，心脏病严重威胁着人类的健康，是医学界最大的困扰之一，听诊器的发明，弥补了过去诊断方式的不足，使人们对心脏的科学认识大大提高，医生还可以通过这种简单的途径诊断出许多不同的疾病。

19世纪的某一天，一辆急驶的马车在法国巴黎一所豪华的府第前停下，车上走下来的是法国著名医生勒内·拉埃克，他被请来给这家的贵族小姐诊病。面容憔悴的小姐紧皱双眉，手捂着胸口，看来病得不轻。拉埃克医生怀疑小姐患了心脏病。若要使诊断正确，最好是听听心跳的声音。由于病人太胖了，用叩诊听不到从内部传来的任何声音。拉埃克医生焦急地在客厅里一边踱步，一边想着办法。

突然，拉埃克医生的脑海里浮现出前几天看到的一件事。几个孩子在一根长木梁的两端做游戏，其中一个孩子用一块石头敲一根木梁的一端，另一端的孩子则把自己的耳朵贴在木梁上，静听传来的声音。拉埃克医生思路顿开，他立即找来一张厚纸，将纸轻轻地卷成一个圆筒，一头按在小姐心脏的部位，另一头贴在自己的耳朵上。很快，小姐心脏跳动的声音连同其中轻微的声音，都被拉埃克听得一清二楚。拉埃克确诊了小姐的病情。

最早的听诊器是单管的

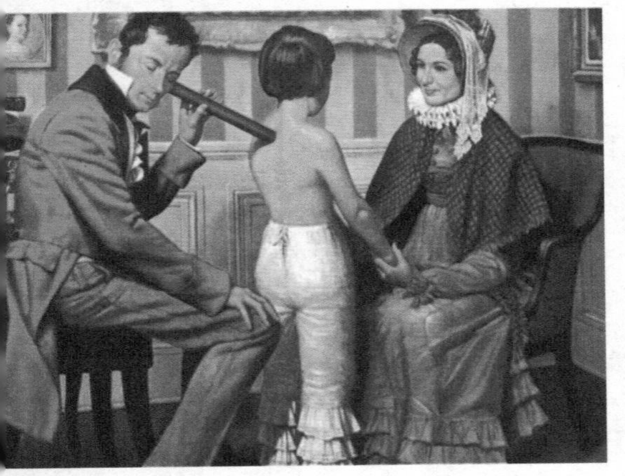

这种绝妙的装置使拉埃克萌发了用它来研究心脏病的想法。回到家后，拉埃克马上制作了一根空心木管，长30厘米，口径0.5厘米。为了便于携带，这个木管由两节合成，用螺纹旋转连接，这就是历史上第一个听诊器。

借助听诊器的帮助，拉埃克诊断出许多不同的胸腔疾病，进而让他对胸腔医学进行了深入全面的研究，并且整理出有关的资料，写成了一本影响深远的医学巨著，临床医学至此进入了一个新的纪元。

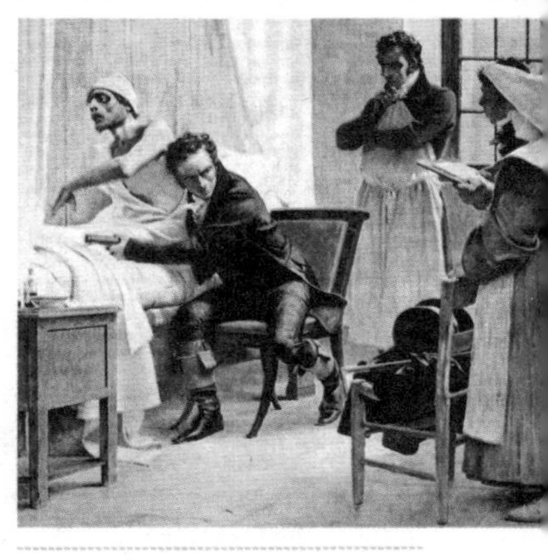

拉埃克向自己的学生演示听诊器的使用方法，不是用的叩诊。

后来，拉埃克又做了许多改进。1814 年，他发明了效果更好的单管听诊器。这种听诊器与现在产科用来听胎儿心跳的单耳式木制听诊器很相似。

1840 年，英国一位名叫乔治·菲力普·卡门的医生改良了拉埃克设计的单管听诊器。他发明了将两个耳栓用两条弯曲的橡皮管连接的双耳听诊器，改良后的听诊器有助于医生利用双耳更正确地诊断，并能听诊静脉、动脉、心脏、肺、肠内部的声音，还可以听到胎儿心跳的声音。

虽然此后的新型听诊器不断问世，但人们普遍采用的仍是由拉埃克发明的、经卡门改良的听诊器。

听诊器改变了依靠原始叩诊诊断病情的方式，堪称医疗器械史上的一项重大突破。然而随着科技电子化、数字化突飞猛进的发展，科学家也研制出了电子听诊器。

电子听诊器有很多优于传统听诊器的特点。如它的计数、读取将更加精确，结果可通过液晶屏幕显示出来，并具有数位语音自动播放功能；它有较强的抗噪音干扰性能，即使周围环境嘈杂，仍能准确读取数据，等等。另外，电子听诊器还可以自动放大心跳音、内脏杂音，再经导管传给医生、护士，以进行更加精确的诊断。并且可以将这些杂音录制下来，作为病例存档，以利于长期比较性检查。

如今，电子听诊器的出现，不仅为医护人员提供了更好的诊断途径，也将因其智能性和易操作性成为家庭保健的首选。

现代医生常用的听诊器

好学上进的拉埃克

1801 年，拉埃克到当时有名的巴黎慈善医院学习。拉埃克虽然言语不多，但十分好学上进，受到曾担任拿破仑御医的名医生维萨特的热心指导。他不但学习成绩优异，且在研究上也成果斐然。比如他在研究慢性酒精中毒患者的肝脏中，发现结痂的肝上呈暗褐色，由此总结了这种疾病的特征，因此该病也被命名为“拉埃克肝硬化”。1803 年，年仅 22 岁的拉埃克获得法国医学院当时的最高荣誉，被选进医学卫生学院。

阿司匹林

Aspirin 神奇的止痛药

如果要问人类历史上使用时间最长、最便宜、最好的止痛药是什么，相信没有人会反对阿司匹林。阿司匹林在全球具有广泛的知名度，它是当今世界上应用最广泛的镇痛药物，服用简单方便。并且，近年来，医学家在它身上又有了令人惊喜的发现。

早在公元前400多年的古希腊，被尊为“西方医学之父”的希波克拉底就曾提出用柳树皮的浸泡液来缓解产妇的阵痛。1758年，英国神父爱德华·斯通无意间扯了一片白柳树皮咀嚼起来。出乎意料的是他的关节痛和发热都减轻了。经过试验，他发现这种汁液对治疗发烧非常有效，可惜当时并未得到重视。后来经研究发现，这种汁液中的有效成分是水杨酸。

19世纪20年代，一位瑞士科学家从一种植物的叶子内提取出了水杨酸，但对食管和胃部有强烈的腐蚀作用，只有那些疼痛很剧烈的人才服用。1853年，法国化学家夏尔·弗雷德里克·热拉尔将从另一种植物绣线菊中提炼出来的水杨酸与乙酸和乙酰结合起来，解决了这个问题，但他还没有来得及对这种合成药物进行进一步的验证，就去世了。

后来，一位年轻的化学家——29岁的霍夫曼，怀着一个强烈的心愿来到拜耳公司工作。他希望找到一种新药，使每天必须忍受关节疼痛的父亲免于煎熬。1895年，在前人探索开拓的基础上，他研制出了一种经过结构转换的水杨酸的类似物，与其他水杨酸药品相比，副作用要小得多。

霍夫曼和同事海因里希·德雷泽一起对这种药进行了大量试验。在对这种物品命名的过程中，他们认为应该在药名中反映它与绣线菊的关系——于是，阿司匹林（Aspirin）就诞生了：A代表了乙酰，spir是绣线菊（spiraea）的前四个字母，in则是拜耳公司特有的、在每一种药名上加的后缀。大写A字当头的阿司匹林成了拜耳公司100多年历史上最大的骄傲和对世界最大的贡献。

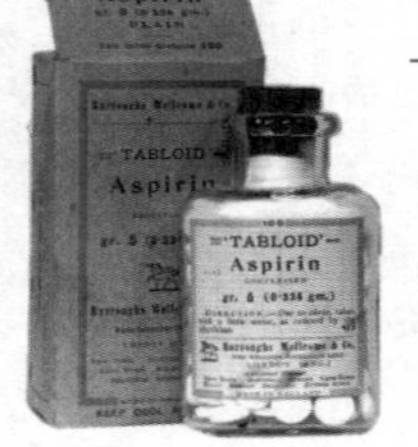

1899年3月6日，霍夫曼所在的拜耳公司向柏林皇家机构申报了这一专利。3年之后，这种新药的第一粒片剂诞生了，1903年4月，拜耳公司进入美国市场，并最终在美国扎下了根。

阿司匹林一问世，就立即成为治疗感冒、头痛、发烧、风湿病和缓解、治疗关节及其他部位疼痛的最畅销的止痛药，而且1969年7月，阿司匹林还随宇航员阿姆斯特朗登上月球，以治疗宇航员们的头痛和肌肉痛。

霍夫曼和当时的拜耳公司肯定没有料想到：100多年来，无数新药在风靡一时后又消失得无影无踪，而这种价格低廉、毫不起眼的白色小药片却能够久盛不衰。

20世纪80年代初，英国药物学家约翰·范恩博士和他的同事们发现阿司匹林是通过抑制人体中前列腺素的活性来发挥其止痛作用的，正是人体中的前列腺素向大脑发出疼痛的信号，使人感觉到疼痛的。这个发现，大大拓展了阿司匹林对各类疾病预防的范围，而约翰·范恩博士与他人分享了1982年度的诺贝尔医学奖。

近年来，研究证明，阿司匹林在许多心血管疾病、脑血管疾病及周围血管疾病的防治中，都有显著疗效。如果正确地服用阿司匹林，可使冠心病、脑梗死等疾病的发生率大大降低，还能够预防和减缓动脉粥样硬化的发生和发展进程。

神奇的疗效

阿司匹林最初的使用和推广，没有做很多广告，拜耳公司起初只是免费将它提供给医生使用。由于它效果好，立刻获得患者的欢迎。20世纪初著名的意大利歌唱家恩里克·卡鲁索一度因为头痛烦恼不已，但在服用阿司匹林之后，称阿司匹林是“唯一能够减轻他病痛的药品”。捷克作家弗朗茨·卡夫卡把阿司匹林看得更加神奇，他认为，这是“少有的几种能减轻人生痛苦的药品之一”。

在没有特效药的情况下，许多病人都得采取住院的方式才能解决痛苦。阿司匹林的问世，大大拓展了人类对各类疾病预防的范围。

青霉素

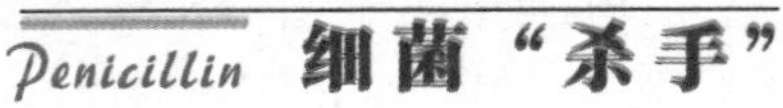

Penicillin 细菌“杀手”

一个偶然的机遇，促使了青霉素的发现，从此，一些让人们闻之色变的传染病，在人类的智慧面前，变得不堪一击。从问世起，青霉素——这一突破性的成果，已拯救了亿万人的生命。

19世纪下半叶，法国人巴斯德发现有些细菌虽然能置人或动物于死地，却很容易被其他的细菌抑制或消灭，这种现象就是生物学和医学上通常说的“抵抗作用”。据此人们自然想到，若能将对人体无害而对病源菌有抵抗作用的细菌引入体内，不就可以防治病菌感染了吗？

20世纪30年代，德国研究人员发现了一种重要的杀菌药物——磺胺类药物。但人们逐渐发现，磺胺类药物只对少数几种疾病有较好的效果，而且对于许多病人还会产生严重副作用。于是人们愈来愈强烈期盼着一种有效而无害的杀菌剂的问世。

1928年，英国细菌学家亚历山大·弗莱明从青霉菌的原液里发现了青霉素。

黑死病是人类历史上最严重的瘟疫之一。它是一种由微生物导致的疾病。

弗莱明发现青霉素，一半靠的是机遇，而另一半则靠他聪明的头脑和严谨的科学作风。一次，弗莱明在实验室里研究葡萄球菌后，忘了盖好盖子，一个星期后，他突然发现培养细菌用的琼脂上附着了一层青霉菌，原来，这是从楼上一位研究青霉菌的学者的窗口飘落进来的。令他惊讶的是，凡是培养物与青霉菌接触的地方，黄色的葡萄球菌正在变得透明，最后完全裂解了，培养皿中显示出干干净净的一圈。毫无疑问，青霉菌消灭了它接触到的葡萄球菌。随后，他把剩下的青霉菌放在一个装满培养菌的罐子里继续观察，几天后，这种特异青霉菌长成了菌落，培养汤呈淡黄色。他又惊讶地发现，不仅青霉菌具有强烈的杀菌作用，而且就连黄色培养汤也有较好的杀菌能力。于是他推论，真正的杀菌物质一定是青霉菌生长过程的代谢物，他称之为青霉素。而在当时的技术条件下，提取的青霉素杂质较多，疗效不太显著，人们没有给青霉素以足够的重视。但弗莱明坚信总有一天人们将用它的力量去拯救生命。因此，他没有轻易丢掉所培养的青霉菌，反而更耐心地培养它。

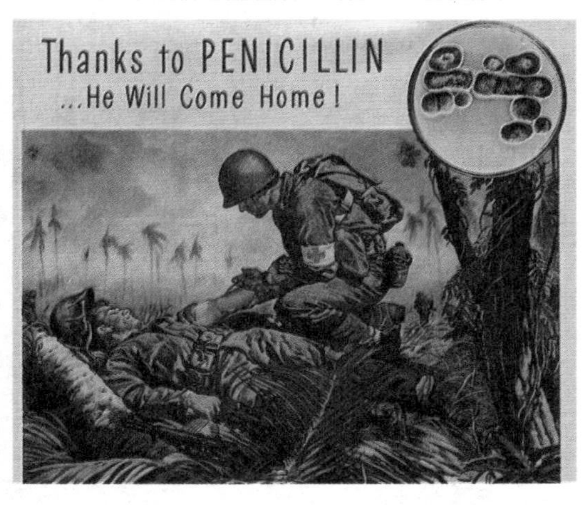

人们把青霉素的发现与原子弹、雷达的发明列为二战中的三大发明之一，青霉素的重要性可见一斑。上图为二战中一则关于青霉素的宣传画。

20 世纪 30 年代，澳大利亚病理学教授霍华德·弗洛里组织了一大批专家专门研究溶菌酶的效能。其中，29 岁的生物化学家厄恩斯特·钱恩等人，1939 年在一本积满灰尘的医学杂志上意外发现了弗莱明 10 年前关于青霉素的文章，极大地鼓舞启发了弗洛里和钱恩。经过艰苦努力，弗洛里和钱恩终于成功地分离出像玉米淀粉似的黄色青霉素粉末，并把它提纯为药剂。在军方的大力支持下，青霉素开始走上了工业化生产的道路。

青霉素大量应用后，拯救了千百万肺炎、脑膜炎、脓肿、败血症患者的生命，及时抢救了许多伤病员。弗莱明、钱恩、弗洛里也因此于 1945 年共同获得了诺贝尔生理学或医学奖。

青霉素的成功也为其他抗生素的研制打开了方便之门。此后的短短 20 余年内，链霉素、氯霉素、金霉素等数十种各有功效的抗生素又被陆续发现。抗生素广泛应用的同时，人们也发现，多达 10%的人对青霉素有过敏反应，而且某些细菌逐渐对青霉素产生了耐药性。尽管如此，各类抗生素的发现仍然是人类取得的一个了不起的成就！

两个孩子

有一天，英国一个贫农救了一个身陷沼泽的小孩。第二天，小孩的父亲——一位贵族，送来重金致谢，被农夫婉拒了。

这时，农夫的儿子走出家门。贵族建议为农夫的儿子提供最好的教育。农夫同意了。

后来，农夫的儿子成为了享誉世界的医生，并用自己发明的药治好了贵族儿子的肺病；而贵族的儿子则领导英国人民战胜了纳粹德国，他就是英国首相温斯顿·丘吉尔。农夫的儿子就是青霉素的发明者——亚历山大·弗莱明。

CT 扫描仪

Computerized Tomography **现代医学诊断的“照妖镜”**

古代的许多典籍里都不乏一些关于宝镜或是仙人镜的记叙，其中讲到它们神奇的魔力代表了古人们潜藏在内心的一种美好幻想。然而到了20世纪，飞速发展的科学技术却使昔日的梦想变成了现实。科学家们创造出了真正的宝镜——CT 扫描仪。

作为现代医学三大显像技术之一，CT 扫描仪的问世，在20世纪70年代的放射医学界曾经引起了爆炸性的轰动。这项发明被认为是继伦琴发现X射线后，物理学对放射医学的又一划时代的新贡献。

扫描仪的直接发明者是豪斯菲尔德，但是它的发明过程却凝聚着多位科学家艰辛的探索和不懈的努力。

1955年，一名在医院放射科工作的美国物理学家科马克，对癌症的放射治疗和诊断产生了兴趣。当他发现当时的医生们计算放射剂量时是把非均质的人体当做均质看待时，“如何确定适当的放射剂量”就成了科马克决心攻克的难题。经过多年的努力研究，科马克终于解决了计算机断层扫描技术的理论问题。1963年，科马克首次建议使用X射线扫描进行图像重建，并提出了精确的数字推算方法，为CT 扫描仪的诞生奠定了基础。

当时，英国科学家豪斯菲尔德一直从事工程技术的研究工作，他任职的电器乐器工业有限公司除生产计算机外，还生产探测器、扫描仪等电子仪器。豪斯菲尔德的目标是要综合运用这些技术，生产出具有更大实用价值的新仪器。科马克的研究成果给了他很大的启迪和

1896年1月23日，伦琴在自己的研究所中做了第一次报告。报告结束时，他用X射线拍摄了维尔茨堡大学著名解剖学教授克利克尔一只手的照片。克利克尔带头向伦琴欢呼三次，并建议将这种射线命名为伦琴射线。

信心。在科马克等人研究的基础上，凭借自己对计算机的原理及运用的熟悉，豪斯菲尔德选择了CT机作为研究的课题。

豪斯菲尔德

1969年，豪斯菲尔德终于设计成功了一种可用于临床的断层摄影装置，被称为电子计算机X射线断层摄影机，即CT扫描仪，并于1971年9月正式安装在伦敦的一家医院。10月4日，他与神经放射学家阿姆勃劳斯合作，首次成功地为一名英国妇女诊断出脑部的肿瘤，获得了第一例脑肿瘤的照片。同年，他们在英国放射学会上发表了论文。1973年，英国放射学杂志对此做了正式报道，这篇论文受到了医学界的高度重视，被誉为“放射诊断史上又一个里程碑”。从此，放射诊断学进入了CT时代。豪斯菲尔德和另一研制CT扫描仪的美国物理学家科马克于1979年共同获得了诺贝尔生理学或医学奖。

科技推动人类的文明进程，伴随着CT扫描仪的不断发展，它的优点将更加突出和完善——它操作简单，对病人无痛苦，分辨率高，可以观察到人体内非常小的病变，直接显示X线平片无法显示的器官和病变。此外，还减少了造影剂的使用量，降低了药物副作用，也降低了造影剂费用。

由于CT扫描仪大大提高了人类对疾病诊断的准确程度。目前，在大中城市里CT扫描仪已广泛地应用于身体各部分的检查和诊断。

树木也“体检”

美国珀杜大学硬木扫描中心负责人、研究员雷多·加佐提出：可以把CT技术应用到木材业，以提高木材质量。他们的CT扫描仪图片能显示木材裂缝、虫害痕、腐烂部、生长轮、纹理等特征。如果选择好的切割角度，可使木材价值提高20%～40%。我国上海一棵百岁古树就曾做过一次声波原理的“CT”体检。

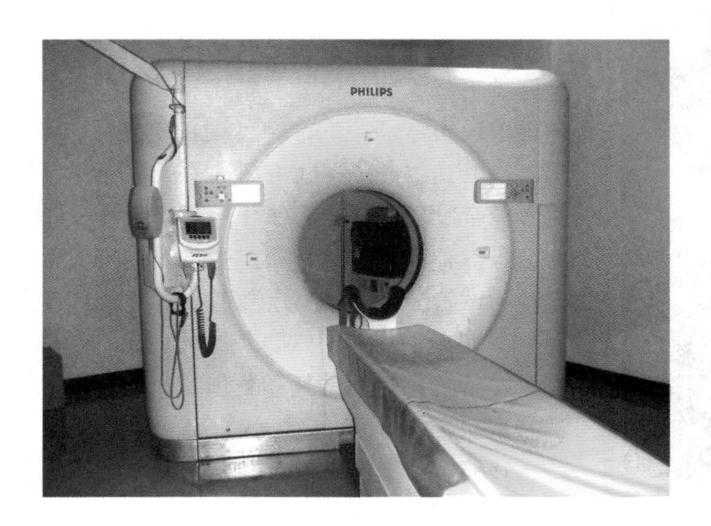

CT扫描仪是一种功能齐全的病情探测仪器，它是电子计算机X线断层扫描技术简称。而今，CT扫描仪已广泛运用于医疗诊断上。

试管婴儿

Test Tube Baby 向人类生育史发起的成功挑战

20世纪是生命科学的辉煌时代，生命奇迹般地在试管中生根发芽。“试管婴儿”的诞生，使许多患有输卵管疾病而不能生育的妇女成为了幸福的母亲。至今，近百万的试管婴儿来到了人间，为无数家庭带去了希望、欢乐和生命的延续。

早在19世纪70年代，就有科学家提出了人工受精的建议。

1878年，一些生物学家曾对家兔和豚鼠进行体外受精的试验，但是直到1951年以前，所有在哺乳动物身上进行的体外受精试验都失败了。1951年，一位名叫奥斯蒂恩的生物学家推测，精子似乎需要在雌性生殖管道中停留一段时间，才能穿过卵子的透明带。通过长达一年的实验，奥斯蒂恩又进一步明确地提出：精子在具备穿入卵子的能力之前，必定要经过形式的变化，这一变化可能是形态上的，也可能是生理上的。

著名杂志《时代周刊》关于试管婴儿专题的封面介绍。

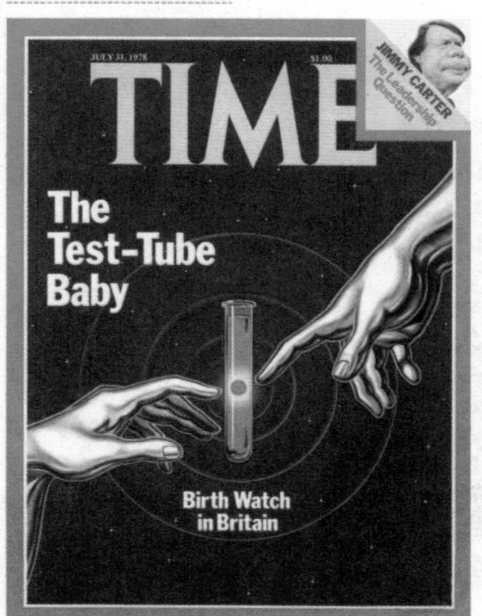

在奥斯蒂恩的基础上，美国人洛克和门金开始进行人卵的体外受精实验。他们先从卵巢中取出卵子，经过24小时的培养后，将精液加入其中，又经过45小时的培养后，洛克和门金发现133个卵子中出现了4个受精卵，虽然他们只得到了极少数的受精卵，但是却为试管婴儿的诞生点燃了希望之火。

20世纪60年代初期，英国的两位妇产科专家帕特里克·斯蒂托和罗伯特·爱德华兹开始密切合作研究。

1965年，他们提出了人卵在玻璃管内可

能受孕的证据，特别明确地描述了雄性配子与雌性配子的成熟过程。此后十余年，俩人都致力于试管内受孕的实验。实验包括两个主要部分，即体外受精和胚胎移植。前者在试管内进行，后者将胚胎移植到母亲的子宫中发育长大，其经过有以下几个过程：首先，用一些促使妇女卵巢排卵的药物，使妇女的卵巢按要求的时间排出卵子，然后用特殊的器械插入妇女腹腔中取出卵子，放入培养液中孵育，等到完全成熟后，再加入经过处理的精子，让精子和卵子在器皿中形成受精卵。浸在培养液中的受精卵逐渐开始产生细胞分裂，一个受精卵分裂成两个、两个变四个、四个变八个……渐渐发育成幼小的胚胎。这时，它就可以被移入母亲的子宫腔中，慢慢长大，直至变成婴儿。

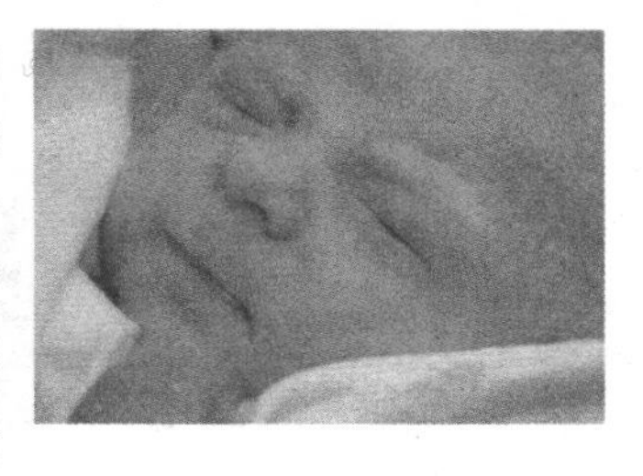

左图为世界上的第一例试管婴儿。她和所有正常出生的宝宝一样——健康、可爱。

长大后的路易斯·布朗

1978年，他们的智慧终于结出了硕果。7月25日这天，全世界的新闻媒体都将镜头对准了英国奥尔德姆市医院，23时47分，人类历史上第一例试管婴儿路易斯·布朗健康地来到了人间，与所有正常婴儿一样，她既可爱、又美丽。

自此，试管婴儿技术成了不育症患者的最佳选择。目前，第二代、第三代试管婴儿的研究正在不断地进展当中。

从试管婴儿诞生的那天起，社会各界对此的争论和关心就没有停止过。这种超越自然规律的繁殖方式给人们带来了种种疑问。人们曾担心试管婴儿可能会有无法预料的遗传问题；或许他们长大后会觉得自己“不正常”；而有些来自伦理和宗教界的批评认为，人类文明的最基本结构甚至人之所以为人本身等理论将因此而动摇……

这些评论不乏其合理性，但普通试管婴儿技术经过20多年发展，已成为一项非常成熟的技术。如今，全世界的试管婴儿，基本上都健康正常，与周围的人过着一样的生活，更没有给我们的社会带来任何危害。

成功的肯定

据英国媒体报道，世界上首个试管婴儿路易丝·布朗已结婚并顺利产下一名男婴。值得肯定的是，这名婴儿不是试管婴儿，而是以自然生产的方式诞生。有人称，布朗与丈夫莫森德尔孕育这个婴儿的意义不亚于“人类首次登月”——因为它彻底破除了试管婴儿不能成功孕育健康下一代的谣言。

人造心脏

Artificial heart 造福人类的曙光

心脏就像人体的发动机一样，偶尔也会出毛病，如果是小毛病，外科医生给它稍作修理，便会恢复正常状态。如果出了难以“修”好的大毛病，那就要“大动干戈”，找一个更好的“发动机”换上去。人造心脏这个性能良好的“发动机”为心脏病患者带来了福音。

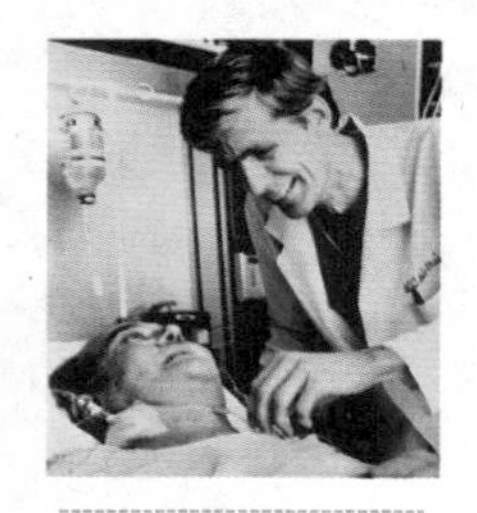
1982年12月2日，世界上第一颗人造心脏移植成功。

自从1967年11月南非医生克里斯蒂安·尼斯林·巴纳德博士开创了心脏移植手术以来，心脏移植手术所遇到的难题就是：可供移植的人的心脏得之不易，而需要做心脏移植手术的病人却越来越多。心脏移植手术必须另找出路，人造心脏成为一个良好的选择。

1982年12月2日，美国犹他大学的杜布利兹医师为患有心肌病的巴尼·克拉克装上人造心脏，这位美国西雅图62岁的退休牙科医生有幸成为世界上第一个接受人造心脏移植手术的人，这颗塑料心脏在他的胸腔里跳动了将近1300万次，维持了112天的生命。他的去世是由于多种器官功能衰竭造成的，与人造心脏无关。

贾维克和他的JARVIK-7型人造心脏

这颗心脏是第一代人造心脏，它是由犹他医疗小组成员罗伯特·贾维克设计的。它通过两条2米长的软管连到体外的一部机器上，压缩空气维持着人工心脏的跳动，但缺点是需要由体外装置提供动力能源。

后来又陆续给另外4名病人移植了JARVIK-7型人造心脏，结果都没有活得太久，其中活得最长的一个是620天。从此，人造心脏移植处于停滞阶段，医学界认为，这种技术还不成熟和完善，暂时不能用于人体。但是，人造心脏的研究工作并没有停止，而是继续摸索前进。

1993年，巴黎东南郊克雷泰伊市亨利·蒙道尔医

院的医生在世界上首次成功地将一个轻便的电动心脏，植入一位44岁的病人体内。这种被叫做诺瓦科尔的电动心脏是第二代人造心脏，它是由金属材料、塑料合成品和牛心包组织制成的，由于胸部无法安装人造心脏，故将此心脏植入病人腹部肌内槽。它有一只气泵和一个驱动装置，蓄电池和控制器装在病人体外的包内，由一根导线与腹内相连。它只有左心房的功能，因此只是一个人造的“半心脏”，通过气泵将血液输送到全身。

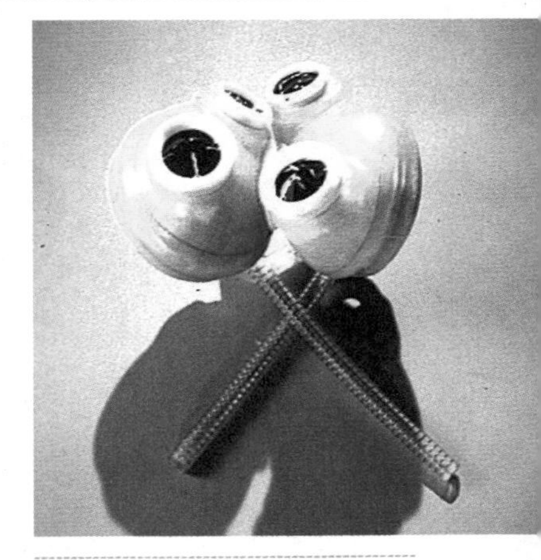

人造心脏与人类心脏大小相当，上面覆盖有经过特殊处理的组织以避免引起人类免疫系统的排异反应。上图为JARVIK-7型电动人造心脏。

这种电动心脏价格约10万美元，一般病人可望而不可及，而且它的缺点是气泵噪声较大，通过该心脏循环的血液容易造成凝结，从而导致供血不足及心肌梗塞，因此病人必须长期服用抗凝血药物。

1995年10月，英国牛津的史蒂夫·韦斯塔比医生给患有严重心脏病的古德曼实施了永久性心脏移植手术。

这颗植入的永久性电动人造心脏是由美国得克萨斯心脏研究所设计、美国热动力心脏系统公司制造的。这颗价值8万英镑的电动人造心脏大小如同拳头，两侧安装有两条导管。其中一条与古德曼的右心房相连，另一条与左心室相连。血液从左心室流出，经电动人造心脏加压后流入右心房，这样就帮助心脏完成了血液循环的任务。

古德曼接受手术后情况良好，在他手术初步成功的鼓舞下，当时英国很多心脏病患者都开始跃跃欲试了。

Paul Winchell shocker:

'I invented the artificial heart'

EXCLUSIVE INTERVIEW

Ventriloquist gave us Jerry Mahoney and a mechanized heart way ahead of its time

媒体对人造心脏的发明过程进行了详细地报道

最小的患者

英国儿童奥利·德鲁可能是使用人造心脏年龄最小的患者。他早在1岁时便已经依靠人造心脏生活。这颗人造心脏代替了奥利心脏的功能，它的大部分装置位于体外，与身体连接的两条管子被植入患者胸腔中。其中一条管子被连接进奥利的左心室，与人造心脏相连，它将血泵入患者的大动脉和全身血管中。这两条管子与人造心脏装置永久性连接，维持小德鲁的生命。

集成电路

Integrated Circuit 小芯片改变大世界

1958年，杰克·基尔比发明了集成电路，这一发明奠定了现代微电子技术的基础。如果没有他的发明，就不会有计算机的存在，信息化时代也只能成为空谈。50多年过去了，谁能想象到这些小小的芯片已经影响了整个人类社会，渗透到我们每一天的生活。

历史上，总有伟人改变了世界及人们的生活方式，在这为数不多的伟人中，集成电路的发明者杰克·基尔比就是他们其中之一。

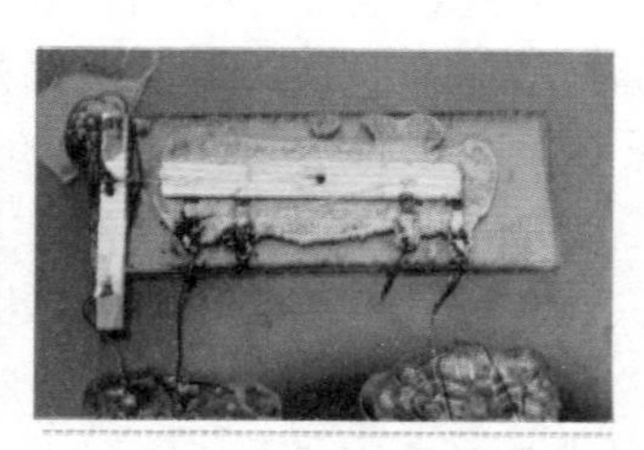

1958年9月12日，基尔比研制成功世界上第一块集成电路。

20世纪50年代，取得硕士学位的基尔比与妻子迁往德克萨斯州的达拉斯市，供职于德州仪器公司，因为这是唯一允许他差不多把全部时间用于研究电子器件微型化的公司。在这里，公司为他提供了大量的时间和不错的实验条件。基尔比生性温和，寡言少语，加上巨大的身材，被助手和朋友称作“温和的巨人”。正是这个不善于表达的巨人酝酿出了一个巨人式的构思。

虽然那个时代的工程师们因为晶体管发明而备受鼓舞，开始尝试设计高速计算机，但是问题还没有完全解决：由晶体管组装的电子设备还是太笨重了，工程师们设计的电路有几千米长的线路和上百万个焊点，建造它的难度可想而知。至于个人拥有计算机，更是一个遥不可及的梦想。针对这一情况，基尔比提出了一个大胆的设想：“能不能将电阻、电容、晶体管等

电子元器件都安置在一个半导体单片上？”这样整个电路的体积将会大大缩小，于是这个新来的工程师开始尝试一个叫做相位转换振荡器的简易集成电路。

基尔比首先选用了半导体硅，接下来画图，接通实验电路……就这样，1958 年 9 月 12 日，世界上第一块集成电路（又称微型电脑芯片）在德州仪器的一间实验室研制成功了！这块集成电路只有一枚回形针一半大，却“安置”了许多电子元器件，成为 1971 年问世的计算机微处理器的雏形。基尔比也因这项发明获得了诺贝尔奖。

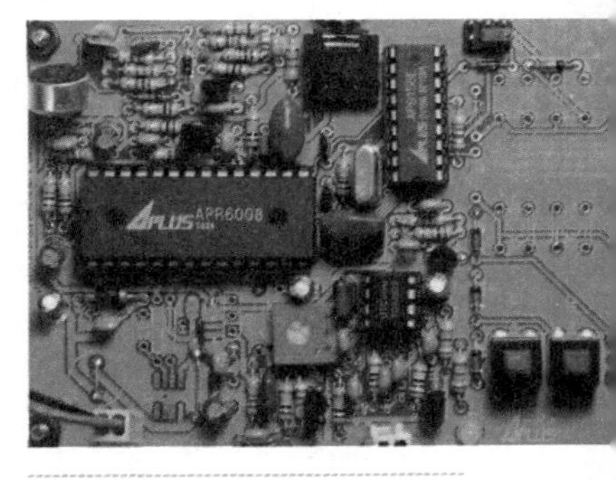

集成电路板的出现，标志着世界从此进入到了集成电路的时代。集成电路具有体积小、重量轻、寿命长和可靠性高等优点。

如今，杰克·基尔比发明的集成电路几乎成为每个电子产品的必备部件，从手机、电子计算器到调制解调器，再到网络游戏终端，这个小小的芯片改变了世界。

而集成电路取代了晶体管，也为开发电子产品的各种功能铺平了道路，它不但大幅度降低了成本，还具有体积小、重量轻、引出线和焊接点少、寿命长、可靠性高等许多特点。它的诞生，催生了大量方便快捷的电子产品。直到今天，硅材料仍然是我们电子器件的主要材料。

杰克·基尔比发明了集成电路，他的发明奠定了现代微电子技术的基础。

目前，集成电路在工、民用电子设备如电视机、计算机及军事、通讯、遥控等方面都得到广泛应用。用集成电路来装配电子设备，其装配密度比晶体管可提高几十倍至几千倍，设备的稳定工作时间也可大大提高。近几年，我国集成电路产业取得了飞速发展，已经成为全球半导体产业关注的焦点，随着时代的进步，将会取得更大的进步。

淡泊名利

已77岁高龄的杰克·基尔比因发明集成电路而荣获2000年的诺贝尔物理学奖。他在接受媒体采访时表示对此感到非常惊讶？

基尔比说：“我现在还觉得有点吃惊——我从来没有想到自己会得诺贝尔奖。不过，这个意外的奖项使我万分高兴。”他说：“我认为这个时代有许多位创始人，他们都做出过重大贡献。”各路媒体记者在得知消息后蜂拥而至，老人被吵醒后，穿着睡衣在自己的家门口说出了这番话。

计算机

Computer 智能化时代的来临

在人类与大自然的斗争中，逐渐创造出各种各样的工具和器械。当繁重的计算、文字和记忆工作因计算机而变得轻而易举时，每一个人都能强烈地感受到：计算机强大的功能正在代替人脑进行又快又准确的计算工作。

1642年，帕斯卡创造的能做加、减法的手摇计算机。

追溯先驱者的足迹，计算机的发明也是由原始的计算工具发展而来的。中国在2000多年前的春秋战国时期，劳动人民就独创了一种计算工具——算筹。从唐代开始，算筹逐渐向算盘演变。到元末明初，算盘已经非常普及了。随着人类社会生产的不断发展和社会生活的日益丰富，人们一直希望发明出一种能自动进行计算、存贮和进行数据处理的机器。因而，许多先驱者踏上了发明计算工具的艰难历程。1642年，法国著名的数学家帕斯卡率先迈出了改革计算工具的重要一步，成功地创造了一台能做加、减法的手摇计算机。

虽然帕斯卡的计算器并不先进，但是这项工作是开创性的。在帕斯卡思想启发下，很多科学家开始向自动化、半自动化程序计算机发起挑战。

直到19世纪以后，计算机同纺织技术的重大革新——程序自动控制思想结合起来，一些功能较全面的计算机器这才纷纷登上历史舞台。

奇异的天才、英国数学家巴贝奇于1822年设计完成的差分机就是其中一个佼佼者。这是一种顺应计算机自动化、半自动化过程控制潮流的通用数字计算

世界上第一台电子计算机“埃尼阿克”

机。

而真正揭开电子计算机新篇章的应该是"埃尼阿克"（ENIAC）的诞生。但"埃尼阿克"却没有真正的运控装置。大量运算部件是外插型的，每一步计算都要花很多时间先将程序连接好，准备工作繁琐，大大影响了运算速度。

冯·诺依曼(1903～1957)美籍匈牙利数学家，20世纪最杰出的数学家之一。他提出的二进制思想和程序存储的思想为现代计算机结构奠定了坚实基础，因此他被人们誉为"计算机之父"。

后来，美籍匈牙利人冯·诺依曼提出了新的改进方案，这个方案所设计的计算机被称为"离散变量自动电子计算机"（英文缩写EDVAC，中文译为"埃迪瓦克"）。新方案中，冯·诺依曼提出采用二进制和存储程序的设想，从此，诺依曼博士毅然投身到新型计算机设计的行列中。

"埃尼阿克"还没问世，冯·诺依曼就洞察到它的弱点，并提出制造新型电子计算机"埃迪瓦克"的方案。和"埃尼阿克"比起来，"埃迪瓦克"是目前一切电子计算机设计的基础，虽然"埃迪瓦克"是集体智慧的结晶，但冯·诺依曼的设计思想在其中起到了重要作用。他的名字将永远铭记在人们心中。

从"埃尼阿克"诞生时起直至20世纪50年代末，是第一代计算机的快速发展时期。在20世纪60年代初期，美国突然出现了计算机"爆炸性发展"的局面。从1951～1959年，美国装机总数为3000多台。而1960～1962年，短短3年即安装了7500台计算机。这段时期，为适应计算机工业生产和用户的大量需要，一些计算机厂家开始开发计算机族，即系列产品。例如，久负盛名的计算机公司——IBM公司相继推出了以科学计算为主的大型计算机族、大型数据处理机族和中小型通用计算机族。计算机的应用领域由此普及开来……

进入21世纪，计算机更是向笔记本化、微型化和专业化转变，它的每秒运算速度超过100万次，不但操作简易、价格便宜，而且可以代替人们的部分脑力劳动，甚至在某些方面扩展了人的智能。于是，今天的微型电子计算机就被形象地称作电脑了。

第五代计算机

目前，人们正在试图研制第五代计算机。它是以人工智能为基础的，将具有处理人类自然语言的能力，能够实现人机对话；而且有高度的智能，其功能将大大超过现有的各种计算机。设想中的第五代计算机，不仅可以在生产现场进行各种作业，而且能在办公室和商业服务等行业从事多种智力型劳动或服务工作。

遥控器

Remote Control **随心所欲看电视**

每天晚饭后躺在沙发上看电视，相信是大多数人最舒适的时刻，尤其是在几十乃至上百个节目频道的今天。这个看似小巧的东西，却给现代紧张忙碌的人们带来一份难得的轻松和便利。

最早的遥控器之一，是一个叫尼古拉·特斯拉的人在1898年发明的，他曾经为爱迪生工作，同样被誉为天才发明家。

现代意义上的真正的遥控器的问世，还得感谢一个“懒汉”。

1950年，美国Zenith电子集团的一个名叫阿尔德勒的博士，很讨厌看电视广告，又懒得一次次跑到电视机前去换频道，于是就想发明一种可以远距离操纵电视机的装置。刚开始他发明的是一种有线遥控装置，起名就叫“懒骨头”。使用了一段时间后，他发现遥控线拖在地上很容易绊着人，碍手碍脚的很麻烦。于是他尝试研制以光来操纵电视机的遥控器。最初他是在电视机柜的4个角上各放上一枚光电池，使用时用一支聚光手电筒，照一下电视机不同方位的光电池，以达到上下选择频道或开关电视的目的。但是，照射在电视机上的光线，有时也会使电视机“出毛病”不听指挥。之后，阿尔德勒又相继推出了用无线电遥控和依靠声音来遥控的遥控器。

遥控器问世后，受到许多人的欢迎。使用不久后，人们又反映无线电遥控容易影响隔壁邻居家的电视机，而声音遥控又容易受噪声的干扰。1956年，阿尔德勒经过多次试验，终于选定了人耳听不到的超声波作为遥控媒介，制成了超声波遥控器，得到了大家的认可。到了20世纪80年代后，随着集成电路技术和红外

1955年，Zenith电子集团推出了第一款无线遥控器。

技术的发展，红外遥控器又问世了。由于它基本不受外界干扰，遥控范围又局限在一间屋子里，所以受到广泛的欢迎。

遥控器是一种远程控制机械装置。现代的遥控器，主要是由集成电路和用来产生不同信号的按钮所组成。它给人们的生活带来了无尽的便利和快捷，真可谓是"懒人的宝贝"。

那么，红外遥控器怎么会有这么大的"本领"，它是怎么工作的呢？首先我们来看看什么是红外线。

人的眼睛能看到的可见光按波长从长到短排列，依次为红、橙、黄、绿、青、蓝、紫。其中红光的波长范围为0.62～0.76μm；紫光的波长范围为0.38～0.46μm。比紫光波长还短的光叫紫外线，比红光波长还长的光叫红外线。

红外线遥控就是利用波长为0.76～1.5μm之间的近红外线来传送控制信号的。常用的红外遥控系统一般分发射和接收两个部分。发射部分的主要组件为红外发光二极管。它实际上是一只特殊的发光二极管，由于其内部材料不同于普通发光二极管，因而在其两端施加一定电压时，它便发出的是红外线而不是可见光。目前大量使用的红外发光二极管发出的红外线波长为0.94μm左右，外形与普通发光二极管相同，只是颜色不同。

刚开始，遥控器主要用在电视机上，现在，空调、录像机等都有各自的遥控器。随着微电子技术的发展，又出现了可以同时控制电视机、空调、音响等多种家用电器的遥控器。今后遥控器将朝着一器多用和小型、智能的方向发展。

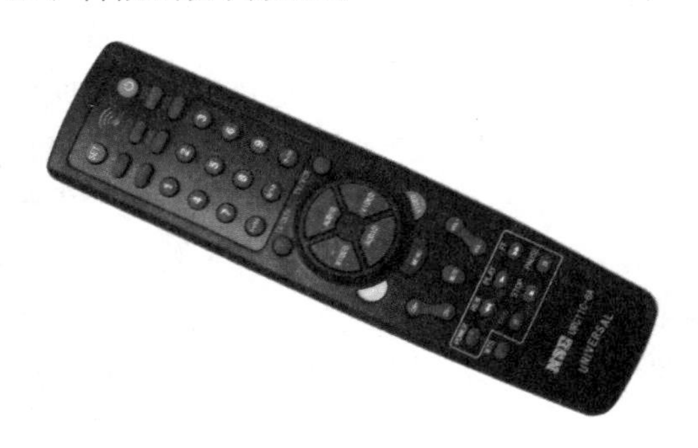

女王和遥控器

据说，遥控器的发明和英国女王的请求分不开。

和任何家庭妇女一样，英国女王也喜欢躺在沙发上看电视，并很不情愿站起来调台。女王的特权是可以让她的侍卫代劳。但那些可恶的小报居然连女王每天看什么电视节目都了如指掌，并讽刺女王爱看格调不高的电视节目。问题显然出在侍卫的身上——女王看什么节目原来是可以卖钱的。女王深感苦恼，请求美国Zenith电子集团解决调台麻烦的问题，促使了遥控器的发明。

电话

Telephone 千里传音

电话，作为人类历史上最伟大的发明之一，早已深入到每个人的生活中。我们无法想象没有电话的生活会是怎样。当回首体味那段有关电话的发明历程时，相信每一个人会为人类自身的智慧和伟大感到无比自豪。

19世纪是一个传奇的时代，新的发明层出不穷。1844年，莫尔斯在美国首次进行了电报通信的实验，成功地实现了长距离快速传递信息的梦想。这次试验，激发了更多人进一步去思考：假如将人的声音转化成电信号，再用电线传递出去，当电信号到达另一端后，再经仪器转换为原来的声波，只要两端都有发话和收话的仪器，就可以使相隔两地的人们不见面便能相互交谈了。这是一个伟大的设想，它令许多科学家欢欣鼓舞，跃跃欲试，亚历山大·格雷厄姆·贝尔也在其中。

1876年，贝尔和他的助手在实验室里第一次通话的情景。

1847年，贝尔出生于英国苏格兰的爱丁堡。17岁时他进入了爱丁堡大学学习语言学。在校期间，贝尔系统地学习了语音和声波振动等知识，为日后发明电话打下了良好的基础。

早在1869年，贝尔在一次偶然的实验中发现了一个有趣的现象：当电流接通和断开时，螺旋形的线圈会发出噪声，这声音和电报发送莫尔斯电码时的“滴答”声相似。于是，贝尔设想可以利用一根电报线发送不同音高的电报信息。当他向一位有名的电学技师请教时，对方否定了他的想法。那位技师认为他缺乏最基础的电学知识。于是，贝尔决定学习电学知识。然而，两年后，随着贝尔对电学的逐渐熟悉和了解，

1892年纽约芝加哥的电话线路开通。电话发明人贝尔第一个试音:"喂,芝加哥!"这一历史性的声音被记录了下来。

他却更加坚信电波可以传递声波。于是，贝尔开始潜心于电话的设计和实验中。

随后，贝尔在两位赞助人的资助下，开始了他的研究。但是,在研究过程中,贝尔一直不满意自己的动手操作能力，而电器专家托马斯·沃森的出现则给贝尔带来了巨大的帮助。

1875年6月2日，贝尔和助手沃森在一间阁楼大的工作室里忙碌着。当时，沃森手边的一块衔铁停止了振动，于是，他就用手指拨动了起来，被拨动的簧片发出了微弱的声音。大多数人或许对此根本不会在意，但是这一微小举动却引起了贝尔的深思：如果轻拨簧片能产生声波状的电流，那么人声也应该能做得到。当天晚上，贝尔就将电话的草图画了出来：有话筒的一端紧紧地和膜片连接着，讲话人发出的声波能够引起膜片振动,这种振动导致送话器上的簧片随之振动；簧片恰好在电磁铁的一极振动，由于电磁感应的作用，就会产生一股电流。电流的强度随意变化,就好像声音在空气中传播会让空气的密度随之变化一样，这时，把一只耳朵贴近另一端的膜片，就能听到讲话者的声音了。

科学的道路是艰辛的,但智慧的火花最终还是转换成了伟大的创举——3年之后，世界上第一部电话机终于诞生了，它传递的第一句人声是："沃森先生，快到这边来，我需要帮助。"电话的出现成为扩展人类感官功能的第一次革命。电话的专利被批准后不久，贝尔在费城的百年展览会上展示了它，这架神奇的装置引起了所有参观者的兴趣。1877年7月，贝尔和伙伴们成立了自己的公司，即美国电话与电报公司的前身。电话取得了无与伦比的商业成功，而贝尔的公司也最终成为世界上最大的私营公司（现已被分为数家规模较小的公司）之一。

"电话之父"

被誉为"电话之父"的英国发明家亚历山大·格雷厄姆·贝尔（1847~1922），出身于语音世家，受家庭影响，他从小就对声学和语言学有浓厚的兴趣，曾任美国波士顿大学语言学教授。1876年因发明电话而闻名世界。贝尔一生共获得了30多项发明专利，他还组建了美国电话公司，创办了《国家地理》杂志……发明电话是他生命乐章中最美丽的旋律。

无线电

Radio 引发通讯革命的发明

一项伟大的科学成果从发现到为人类所利用，往往需要经过几代人前赴后继的努力。麦克斯韦阐述了电磁波的理论基础；赫兹透过闪亮的火花，证实了电磁波的存在……是这些智慧的汇集，为后人研究无线电指明了方向。

无线电是科学史上最伟大的发明之一，有了无线电人们不管身处地球的任何位置，都能够快捷方便地相互联系。无线电是谁发明的？在西方公认是马可尼，俄罗斯却认为是波波夫，这个问题呢争论了一个多世纪至今也没有定论。

1859 年 3 月，波波夫出生在俄国乌拉尔一个牧师的家庭里，他从小就对电工技术有一种特别的嗜好。18 岁时，波波夫考进彼得堡大学物理系，不久转入森林学院学习，这里活跃的学术氛围使他打下了扎实的基础。1888 年，波波夫听到了赫兹发现电磁波的消息后，对此产生了很大的兴趣并开始致力于实验研究。

马可尼和他发明的无线电报机

1895 年 5 月 7 日，波波夫带着他发明的无线电接收机在彼得堡的俄罗斯物理学会上宣读论文并且进行演示，结果大获成功。1896 年，波波夫成功地在距离 250 米左右的地方清晰地收到了世界上第一份无线电报，内容是纪念电磁波的发现者海因里希·赫兹；1897 年，波波夫的无线电通信距离扩展到了 640 米。夏季，其距离进一步扩展到了 5 千米。在波波夫的不断努力下，无线电通信在俄国被逐渐普及开来使用。

几乎和波波夫同时，意大利人马可尼也在研究无线电，而且他的成就已经远远超过了波波夫。1894 年，20 岁的马可尼从杂志上读到，赫兹在实验室里做过电磁波传送试验之后断然否认了利用电磁波进行通信的可能。他并没有迷信权威，而是认为利用电磁波跨越空间传送通讯将远远优于通过电线传输。

为了证实自己的设想，马可尼开始搜集资料进行试验。结果，马可尼成功地看到了赫兹所观察到的现象。第二年，电波信号已经可以发射2.7千米了。这一成功使马可尼心中产生了一个使无线电网络布满全球的梦想。

无线电报是为战争而生的，在多次战争中发挥了很重要的作用。上图是日军在日俄战争中使用无线电报，从而成功拦截俄国舰队的场面。

为增大信号接收距离，马可尼研制了检波器。他还自制了一个更大的电感线圈，并接上了天线，以使信号传到更远的距离。经过试验，信号传到了1.6千米以外的地方。就这样，马可尼发明了自己的无线电报。

1896年，马可尼向意大利政府申请资金来制造更大的发报机，遭到了当地政府的拒绝。但这一发明却得到了伦敦科学界和实业界的高度重视，他于1896年获得了无线电通信发明的专利并成立了马可尼无线电报公司。当时，马可尼的无线电波已经可以传播至160千米远的距离。在赢得了经济支持以后，他在英国西海岸修建了一座2.5万千瓦的发射站。

1901年12月12日，在经过不断努力探索之后，马可尼的无线电信号终于成功地飞越了3200千米的大西洋，从遥远的英国传到加拿大的纽芬兰。这一成功消息立刻引起了全世界的轰动，也成为以后出现的无线电通信、广播等技术广泛发展的起点。1909年，马可尼荣获了诺贝尔物理学奖，并被人们誉为“无线电之父”。

到现在为止，究竟是谁发明了无线电通信或许已经不再重要。我们也许可以这样认为：无线电的发明是众多科学家集体智慧的结晶，他们的功绩都是不可磨灭的。

救命的“信号”

1912年，有“水上之城”“人类进步的象征”之称的“泰坦尼克”号豪华邮轮沉船的惨剧震惊了全世界。同时，也再次证明无线电在航海事业中不可估量的作用。英国《泰晤士报》事后发表评论：“我们感谢马可尼发明的装置，它使‘泰坦尼克’号能够最快地发出出事的消息和呼救信号。”的确，在这以前，有很多豪华的船只，没有发出什么遇难的信号就沉没了。而马可尼听闻后对朋友说：“我的发明能够营救海上众多的生命，这是我一生中最愉快的事！”

传真机

Facsimile 传真摄影术

从20世纪80年代开始，很多办公室添置了一种新设备——传真机。它的个儿不大，本领却不小。不仅集电报、电话的功能于一身，而且还能传送图像，一页文字或图像信息在短短的几秒钟内，就能被传送到千里之外。

传真技术的起源说来很奇怪，它不是有意探索新的通信手段的结果，而是从研究电钟派生出来的。1842年，苏格兰人亚历山大·贝恩研究制作一项用电控制的钟摆结构，目的是要构成若干个互联起来同步的钟，就像现在的母子钟那样的主从系统。他在研制的过程中，敏锐地注意到一种现象，就是这个时钟系统里的每一个钟的钟摆在任何瞬间都在同一个相对的位置上。这个现象使发明家想到，如果能利用主摆，使它在行程中通过由电接触点组成的图形或字符，那么这个图形或字符就会同时在远距主摆的一个或几个地点复制出来。

这是卡塞利的电子传真机，它是世界上最早利用电线传播手写信息和简单图片的设备。

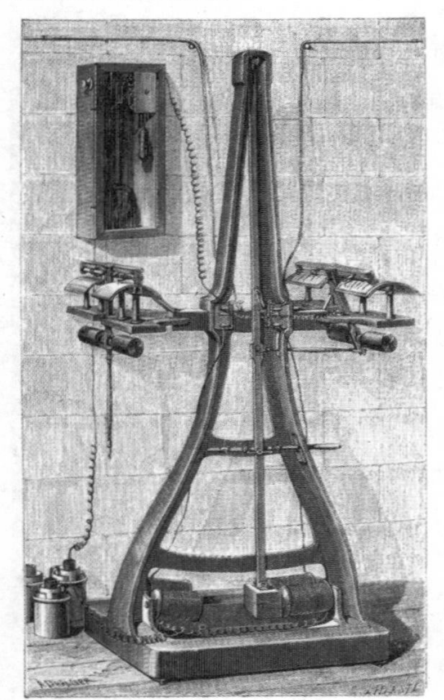

根据这个设想，他在钟摆上加上一个扫描针，起着电刷的作用；另外加一个由时钟推动的信息板，板上有要传送的图形或字符，它们是由电接触点组成的；在接收端的信息板上铺着一张电敏纸，当指针在纸上扫描时，如果指针中有电流脉冲，纸面上就出现一个黑点。发送端的钟摆摆动时，指针触及信息板上的接点时，就发出一次微小的电流。信息板在时钟的驱动下，缓慢地向上移动，使指针一行一行地在信息板上扫描，把信息板上的图形变成电流传送到接收端，接收端的信息板也在时钟的驱动下缓慢移动，这样就在电敏纸上留下图形，形成了与发送端一样的图形。这

便是一种原始的电化学纪录方式的传真机。

随着人们生活水平的提高，人们对发生在自己周围的事情越来越感兴趣，因此，对新闻照片和摄影图片的需求也是很广泛的。许多科学家都曾致力于相片传真机的研究。

爱德华·贝兰向大众展示他的研制成果——相片传真机。

爱德华·贝兰是法国摄影协会大楼里的工作人员，他所在的法国摄影协会大楼下正好是法国电信线路从巴黎—里昂—波尔多—巴黎的起始点和终点。这为贝兰的研究提供了得天独厚的条件。

1907年11月8日，爱德华·贝兰在众目睽睽之下表演了他的研制成果——相片传真机。成功并没有使贝兰陶醉，他继续在已有的基础上进行研究。1913年，他制成了世界上第一部用于新闻采访的手提式传真机。次年，法国的一家报纸首先刊登了通过传真机传送的新闻照片。相片传真机主要是利用了电子组件感光的特点，把指针接触式的扫描改变成光电扫描，不仅使传真的质量大大提高，而且光电扫描和照相感光制版的配合，使相片传真得以实现。

1925年，贝尔研究所率先研制出高质量的相片传真机。1926年，美国电报电话公司正式开放了横贯美国大陆的有线相片传真业务，同年还与英国开放了横跨大西洋的无线相片传真业务。此后，欧美各国和日本等国相继开放了这项业务，从此，相片传真被广泛应用于传送新闻照片，随后扩展到军事、公安、医疗等部门，用来传送军事照片、地图、罪犯照片、指纹、X光照片等。

爱德华·贝兰

爱德华·贝兰，1876年3月5日出生于法国。他自幼聪慧敏捷，6岁时便仿制了一个有活塞和传动杆的火车头，19岁时因制造“秘密照相机”而引起了警方的兴趣。大约在他50岁的时候，他还来过中国，研究方块汉字的特点，并帮助建立北京至沈阳的传真通信。1963年，贝兰以87岁的高龄谢世，而他对于传真以至电视等新技术所做的贡献却永留人间。

1848年，腓特烈·贝克韦尔进一步发展了贝恩的传真技术，他最突出的贡献就是发明了滚桶扫描技术，这一技术直到今天仍在应用。

人造卫星

Satellite 遨游天际的“星星”

晴朗的夜空，当你抬头仰望满天星斗时，有时会看到一种移动的星星。这种奇特的星星并不是宇宙间的星体，而是人类挂上天宇的明灯——人造卫星。人造卫星巡天遨游，穿梭往来，忠实地为人类服务，给冷寂的宇宙增添了生气和活力。

1955年的一天，前苏联航天设计局负责人科罗廖夫忽然灵机一动，他想：既然火箭可以把核弹头射到数百千米远的地方，为什么不可以把核弹头取下换上卫星呢？经过几个月的酝酿，前苏联政府终于在 1956 年 1 月 30 日做出了决议，批准研发一颗重型人造卫星，并从 R-7 导弹上开发一种派生型火箭，将卫星送入太空轨道。1957 年 10 月 4 日，前苏联拜科努尔发射场格外肃静，一枚三级运载火箭傲然矗立在发射台上，火箭上载着世界上第一颗人造卫星“斯普特尼克”1 号。伴随着轰的一声巨响，大地猛地颤动起来，火箭带着长长的焰尾冲上了云霄。几分钟后，卫星终于从火箭上弹出，以每秒 7.9 千米的第一宇宙速度，进入了环绕地球飞行的轨道。卫星内的无线电发射机通过星外天线发射出无线电波，地面监控人员很快便收到了来自太空的无线电信号。“成功了！”所有的工作人员都欢呼起来。由此，人类迈向太空的桂冠，理所当然地落在了前苏联人的头上。

世界上第一颗人造卫星“斯普特尼克”1号

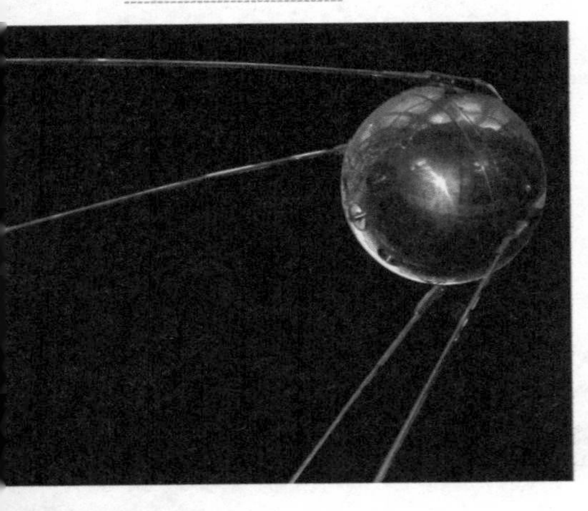

从地球上有了第一颗人造卫星至今虽然仅 40 余年，但各国的空间技术都有了迅猛的发展。1960 年 8 月 12 日，美国国家航空航天局成功地发射了一颗实验性的无源通信卫星“回声”1 号，它实际上是一只由聚酯薄膜制成的气球，直

径达30米，有10层楼房那么高，但球壳却极薄，同报纸的厚薄差不了多少。人们从此实现了“地球—人造卫星—地球”的空间无线电通信。

俗话说“天有不测风云”。传统的气象观测系统一直用直接测量法，即利用各种测量仪器直接测出大气的温度、湿度、气压、风力等数据。而面对占地球表面80%的海洋、极地和人烟稀少、难以建立气象站的地区，则无法保证观测数据的完整性和准确性。1960年4月1日，美国发射了世界上第一颗气象实验卫星“泰勒斯”号。该卫星重约128千克，用两台电视摄像机进行地面摄影并传递云层照片，使气象学家可追踪、预报和分析风暴。

到目前为止，美国、俄罗斯、日本、欧洲空间局、中国、印度等国共发射了100多颗气象卫星。

几乎在同时，美国还发射了世界第一颗“子午仪”导航卫星，传统无线电导航系统从此被取代。此系统主要由美国海军使用，到1967年开始正式向民用开放。它由4颗卫星组成导航网，全球的舰船平均每隔90分钟就可以看到一次“子午仪”，并接收其自动发射的信号进行定位，定位精度为30～40米，每次定位需8～10分钟。“子午仪”导航卫星系统是低轨道导航卫星，它集中了远程无线电导航台全球覆盖和近程无线电导航台定位精度高的优点，仅用4颗卫星就能提供全天候全球导航覆盖和周期性二级（经纬度）定位能力。

1960年4月1日，美国发射了世界上第一颗气象实验卫星“泰勒斯”号。

飞速发展的中国卫星事业

1970年4月24日，中国自行研制的“东方红”一号人造地球卫星飞向太空，中华民族开始进入宇宙空间；1984年4月8日，我国第一颗静止轨道试验通信卫星“东方红”二号成功发射；1988年9月7日，“风云”一号升空，我国成为世界上第三个自行研制和发射极轨气象卫星的国家；1997年5月12日，“东方红”三号成功发射；1999年10月14日，与巴西联合研制的“资源”一号成功发射，中国空间技术全面国际合作首开先河……从第一颗人造卫星进入太空以来，中国的空间技术进入了一个新时代。

1970年4月24日21时31分，中国“东方红”一号飞向太空。这是中国发射的第一颗人造卫星。

鼠标

Mouse 离不开的“小老鼠”

“鼠标在我手，电脑跟我走！”这是句多么响亮的口号，在个人电脑热席卷全球的今天，几乎没有一台电脑是不配备鼠标的。如今，这只可爱的“小老鼠”已经成为世界上使用最广泛的计算机输入工具，变成每台计算机必不可少的一部分。

20世纪五六十年代的时候，计算机还只是科学研究人员才能使用的“大家伙”，可年轻的恩格巴特当时几乎是凭直觉就认为计算机会成为一种工具，他深信计算机将在屏幕上显示需要的信息。当时的人们并没有太多在意这个年轻工程师的想法，甚至有人告诉他计算机只是用于商业，不用花费学术资源研究它。

然而这些都没有阻拦这位年轻工程师的梦想之路，随后的一段时间里，恩格巴特带领一组工程师设计了称为 NLS 的操作系统，虽然今天看来，该系统显得粗糙，但正是这个系统，迈出了图形操作系统的第一步。而这个系统的某些思想和性能甚至现在仍可以应用于微软的文字处理系统（Word）中。

1968 年，恩格巴特在美国旧金山举行的计算机秋季年会上向与会者公布了他的研究成果：用一个键盘、一台显示器和一个粗糙的鼠标器远程操作 25 千米以外的一台简陋的大型计算机。由于这项成果是图像界面、鼠标、高级链接和电子邮件的第一次与世人的公开展示，因而轰动了当时仍用穿孔卡输入的电脑领域。

恩格巴特制作了世界上第一只鼠标。现在看来，这只是一个简陋的木头盒子。

恩格巴特鼠标的原型有一个木头精心雕刻的外壳，仅有一个按键。其底部安装着金属滚轮，用来控制光标的移动。1970 年，这个小装置获得专利，名称为“显示系统 X－Y 位置指示器”。它工作原理是由底部的小球带动枢轴转动，并带动变阻器改变阻值来产生其位移信号，再经过微处理器的处理，计算出其水平及垂直方向的位移，屏幕上的光标可随之移动。用它取代键盘上的使光标移动的上、下、左、右键，使用户可以方便地使用计算机。

在鼠标还没有被广泛地运用时，人们只能依靠键盘机械地寻找坐标。

鼠标发明之初并没有引起众人太多的关心，直到4年以后才逐步引起了人们的重视。首先，一些曾经是恩格巴特学生的施乐公司帕洛阿托研究中心所的科学家们，将恩格巴特所发明的鼠标配置在这个公司刚刚研制成功、具有图形界面的 Alto 微电脑上，结果让人们感到非常惊奇，有了这只“小老鼠”的帮助，使这台微电脑的操作变得异常方便和快捷。

鼠标的英文原名是“Mouse”，提到它名字的含义时，恩格巴特曾向人们介绍说那是因为它的形状与老鼠相似，而且也像老鼠一样拖着一条长长的尾巴，所以，在实验室里被恩格巴特和同事们戏称为“Mouse”。人们广泛使用鼠标已经很多年了，到如今还没有人能够给它想出一个更恰当的新名字，只好让它屈尊继续使用这个不太雅观的名字了。

1983 年，苹果电脑公司也把经过改进的鼠标安装在 Lisa 微电脑上，从此，鼠标在计算机业界声名显赫，它与键盘一样成为电脑系统中必不可少的输入装置。此后，微软公司的 Windows 操作系统和各种版本的 Unix 操作系统也纷纷仿效，鼠标成了这些图形化界面操作系统必不可少的人机交互工具。随着 windows 操作系统的成功普及，人们在使用电脑的时候已经离不开这只“小老鼠”了。

电脑上的“动物会”

你知道电脑上很多有趣可爱的“小动物”吗？最熟悉的就是鼠标，如果没有这只小老鼠，就等着记一大堆键盘命令吧。“猫”，调制解调器的别称，由英文名modem而来，拨号上网没它不行；“狗”，指加密用的一种工具，有了这只忠实的小狗，软件商不用担心盗版了；“蚂蚁”，指下载软件“网络蚂蚁”，喜欢什么就可以用它从网上搬到你电脑里；另外还有网络新手“菜鸟”，但可别做迷恋网络的“网虫”。

光电鼠标是用光电传感器代替了滚球。光电鼠标由光探测仪器来判断信号，通过检测鼠标器的位移，将位移信号转换为电脉冲信号，再通过电脑程序的转换来控制屏幕上光标箭头的移动。

互联网

Internet 当代信息高速公路

信息作为人类文明赖以生存的基础，从古至今，一直被不畏艰难的人们通过种种努力来传递。从烽火台上的滚滚狼烟到快马传递的邮驿，再到如今“零距离”的互联网传播，这一漫长的过程中，无不包含着人类的智慧和汗水。

20世纪60年代，随着美苏冷战的加剧，美国国防部害怕仅有的一个集中军事指挥中心被前苏联的核武器摧毁，那样的话，全国的军事指挥将会陷入瘫痪状态，其后果不堪设想。因此，有必要设计一个由多个分散的指挥点构成的指挥系统，某些指挥点遭到破坏后，其他的指挥点则不会受到影响，而这些分散网点的相互连接则要通过某种形式的通信网。为此，美国国防部组建了高级研究规划署（英文为 ARPA，音译阿帕），其核心部门之一叫做信息处理技术办公室。从此，对阿帕网的研究开始了。

1962年10月，美国国防部请来了科学家约瑟夫·兰克里德担任高级研究规划署信息处理技术处的负责人。他把一大批专家学者团结到阿帕网周围，戏称银河网络，这些人后来都是研究网络的中坚力量。

1966年，33岁的鲍姆·泰勒接任信息处理办公室的主管，他的办公室有3台电脑终端，必须使用不同的操作系统和上机步骤，使用十分不便。这个时候，泰勒从高级研究规划署申请到100万美元的经费，准备实施不同类型电脑主机联网的试验。

到了1969年，联网工作开始了实质性的进展。联网试验在位于加州大学洛杉矶分校和斯坦福大学等地的四台高级计算机上开始。通过招标，罗伯茨把项目交给了 BBN 公司。当这个项目完成后，电脑网络具有历史意义的时刻便来临了，相隔数百千米的两

互联网使地球上的每一个角落不再变得遥不可及

台主机成功地进行了第一次对话。

1972 年 10 月，第一届国际计算机通讯会议在华盛顿开幕，网络先驱者一致决定成立国际网络工作组，计划以阿帕网为基础连接全球大大小小的网络，已在斯坦福大学任教的文特·塞尔夫博士当选为工作组主席。他和卡恩的研究成果 TCP/IP 协议为互联网的成功实现提供了有力的理论依据，随后，互联网便以极快的速度向全世界的各个角落渗透。

文特·塞尔夫被后人尊称为“互联网之父”。1997 年 12 月，美国时任总统克林顿为塞尔夫和卡恩颁发了“美国国家技术奖”。

为了表彰塞尔夫和卡恩为发展互联网作出的杰出贡献，1997 年 12 月，美国时任总统克林顿为他们颁发了“美国国家技术奖”，而塞尔夫则被后来的人们尊称为“互联网之父”。

1990 年，阿帕网正式关闭时，互联网上出现了以超文本链接方式提供信息交换服务的“万维网”。

超文本的特征是阅读的跳跃性，通过链接方式来组织网络资源。欧洲粒子物理实验室的科学家蒂姆用这种技术为人们在网上搜寻、浏览信息开辟出一条合适的道路。蒂姆早在 1980 年就编写了一个名叫“查询”的软件来管理自己的资料，初步形成了后来万维网的概念。

互联网的应用虽然只有十几年的时间，但它已经与我们的生活方式、学习方式、工作方式乃至于思维方式紧密地融合在一起了。

欧洲粒子物理实验室希望蒂姆用软件把世界各国物理室的信息组织起来，使同行科学家分享。1989 年的夏天，蒂姆在紫丁香花的启示下产生灵感：既然人的神经系统可以通过神经元的链接传递花香的信息，网络的资源也完全可以用超文本链接方式组织。1990 年 10 月，他成功地开发出第一套服务器和客户机软件，并把其定名为“万维网”简称 WWW 或 Web，蒂姆也因此获得了“万维网之父”的美称。

谦逊的蒂姆

蒂姆·伯纳斯·李——国际上公认的“万维网之父”，谦逊低调的为人使他的知名度远远没有他的成就那样引人注目。在众多荣誉面前，蒂姆表现出谦虚大度的科学家风范。在“千年技术奖”颁奖仪式上，他说：“我并不是完全靠自己建成了万维网。万维网最让人激动之处就在于它是很多很多人，靠着巨大的精神作用联系在一起做成的。”

对于这番谦虚，颁奖委员会主席佩卡·塔里扬内说：“没有人怀疑万维网之父是谁，除了伯纳斯·李自己。”

全球卫星定位系统

Global Positioning System 任何地方都不会迷路

最古老、最简单的导航方法是星历导航，人类通过观察星座的位置变化来确定自己的方位；最早的导航仪则是中国人发明的指南针。随着科学技术水平的不断提高，人类逐渐发明了许多新的定位方法。其中，全球卫星定位系统的出现为现代生活揭开了崭新的一页。

1957年10月，世界上第一颗人造地球卫星的成功发射，使电子导航技术进入了一个崭新的时代。自此，空基电子导航系统（统称为卫星电子导航系统）也应运而生了。第一代卫星电子导航系统的代表是：美国海军武器实验室委托霍普金斯大学应用物理实验室研制的海军导航卫星系统，简称 NNSS。因为该系统都要通过地极，所以也称“子午仪卫星系统”。这个系统不受时间、空间的限制，但其卫星数目少，运行高度低，因而无法连续地提供实时三维定位信息，很难满足军事和民用的需要。

GPS 卫星定位系统可应用于世界各个角落。

为实现全天候、全球性和高精度的连续导航与定位，1973 年美国国防部批准其陆海空三军联合研制第二代卫星导航定位系统——全球定位系统（Global Position System），简称 GPS 系统。起初的 GPS 方案由 24 颗卫星组成，这些卫星分布在互成 120°的 3 个轨道平面上，每个轨道平面分布 8 颗卫星，这样的卫星布局可保证在地球上的任何位置都能同时观测到 6～9 颗卫星。为了识别不同的卫星信号并提高系统的抗干扰能力和保密能力，科学家们采用了直接序列扩频技术（DS-SS），整个系统相当于一个码分多址系统（CDMA）。为了补偿电离层效应的影响，该系统采用了双频调制。1978年，由于美国政府压缩国防预算，减少了对GPS的拨款，GPS联合办公室就将原来计划中卫星数由24颗减少到18颗，并调整了卫星的布局。18颗卫星分布在互成60°的6个轨道平面上，每个轨道平面分布3颗卫星，这样的配置基本能够保证在地球上任何位置均能同时观测到至少4颗卫星。但试验发现这样的卫星配置可靠性不高，因此，在1990年对第二方案进行了修改，最终方案是由21颗工作卫星和3颗备用卫星组成整个系统，6个轨道平面的每个平面上分布4颗卫星，这样的配置使同时出现在地平线以上的卫星数因时间和地点而异，最少为4颗，最多可达11颗。

GPS系统的建立给定位和导航带来巨大的变化。它可以满足不同用户的需要。在航海领域，它能进行石油勘测、海洋捕鱼、浅滩测量、暗礁定位等；在航空领域，它可以在飞机进场、着陆、中途导航、飞机会合和空中加油、武器准确投掷及空中交通管制等；在陆地上，它可用于各种车辆和人员的定位、大地测量、摄影测量、野外调查和勘探的定位等。在空间技术方面，可以用于弹道导弹的引航和定位，空间飞行器的导航和定位等。

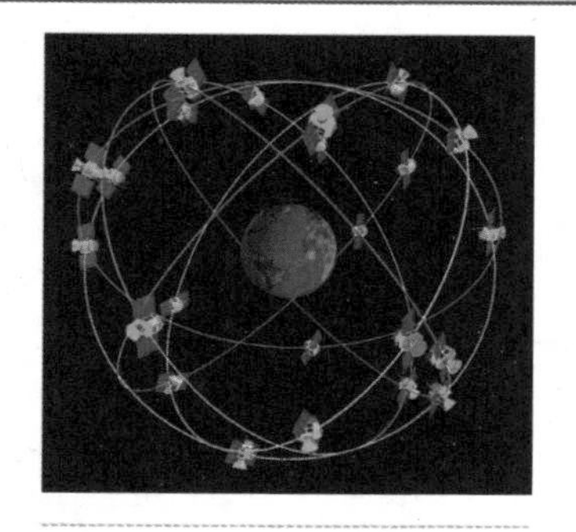

GPS与人造卫星技术相结合，可以将准确的定位信息发送到世界的各个角落。

手机载GPS全球定位系统

GPS可以对空间飞行器(如飞机、宇宙飞船、导弹等)进行精密导航，可以精确地对飞行器的三维位置(水平位置和高度)进行定位。

庞大的市场

GPS系统是空中交通管制系统的重要组成部分，但现在这个系统被美国所垄断。其经济效益主要体现在终端设备的销售和提供的增值服务上。年生产总值50亿～100亿美元，并且提供了巨大的就业市场。预计2005～2050年间，欧洲卫星导航用户设备消费就达880亿欧元，业务市场达1120亿欧元。如果欧洲有了自己的卫星导航系统，其设备出口市场规模还有700亿欧元。

数码相机

Digital Camera 一瞬间的精彩

数码相机的发明使人们从摄影中体会到了极大的乐趣：你可以在第一时间看到你的摄影作品，可以随时删除你不喜欢的相片；可以像传统照片一样冲洗出来保存，也可以上传到电脑中，处理成各种形式的图片应用。

照相机自1839年由法国人发明以来，已经走过了将近200年的发展道路。在这200年里，照相机走过了从黑白到彩色，从纯光学、机械架构演变为光学、机械、电子三位一体，从传统银盐胶片发展到今天的以数字存储器作为记录媒介。数码相机的出现标志着照相机产业也随之进入数字化新纪元。

从手工画像到机器照相，标志着科技水平在逐步提高。图为日俄战争期间，杂志记者在满洲里拍摄的俄国军队。

20世纪60年代美国宇航局在宇航员被派往月球之前，宇航局必须对月球表面进行勘测。然而工程师们发现，由探测器传送回来的模拟信号被夹杂在宇宙里其他的射线之中，显得十分微弱，地面上的接收器无法将信号转变成清晰的图像。于是工程师们不得不另想办法。1970年是影像处理行业具有里程碑意义的一年，美国贝尔实验室发明了“CCD 芯片”——这是一种能感应光线，并将影像转变成数位讯号的组件。

当工程师使用电脑将“CCD 芯片”得到的图像信息进行数字处理后，所有的干扰信息都被剔除了。后来“阿波罗”登月飞船上就安装有使用“CCD 芯片”的装置，在它登月的过程中，美国宇航局接收到的数字图像如水晶般清晰。

在这之后，数码图像技术发展得更快。1975年10月7日，在美国纽约的柯

达影像技术实验室中，史蒂文·赛尚将一张小孩与狗的黑白照片图像通过CCD传感器，在23秒的时间内记录在磁带存储介质中，并显示在普通电视机大小的屏幕上，从而制作出世界上第一台数码相机的雏形。塞尚也被称为“数码相机之父”。1981年索尼公司发明了世界第一架不用感光胶片的电子静物照相机——静态视频“马维卡”照相机。

到了20世纪90年代，柯达成功地试制了世界第一台数码相机，并首次在世界上确立了数码相机的一般模式，从此之后，这一模式成为了业内标准。

这之后，数码相机CCD的像素不断增加，功能不断翻新。1995年世界上数码相机的像素只有41万；到1996年几乎翻了一倍，达到81万像素，1997年11月柯达公司发表了DC210变焦数码相机，使用了109万的正方像素CCD图像传感器……

最早的照相机结构十分简单，仅包括暗箱、镜头和感光材料。即便如此，它也为人们留下了许多美好的瞬间。

今天，随着数字技术的不断提高，数码相机技术仍在飞速发展。像素从最初的41万像素，到突破百万大关，到今天像素一般千万以上；镜头采用光学变焦镜头，有2倍、3倍、5倍等，最高达14倍，此外部分相机还有数字变焦功能；个别相机有内置闪光灯和可外接同步闪光灯的功能；对手动对焦、光圈优先和快门优先控制曝光等参数可自动设定的功能；容量大，能存储比传统相机成倍增加的图片……

同时，单反技术的使用使画质更加震撼清晰，美轮美奂。此外，小型、体轻、时尚，袖珍的机型，防水防尘专用数字相机的设计开发，价格的不断下降，使数码相机以完美的形象受到越来越多专业人士及家庭的喜爱，成为人们工作，休闲中不可缺少的好帮手。

柯达实验室成功地试制了世界上第一台数码相机。

近距离的美妙世界

我们身边的微小事物，如花草、昆虫世界里，很多场景是我们从来没有见过的，而数码相机的微距功能则使这一切显得生动有趣。微距拍摄功能的相机，具有1厘米的微距摄影能力，对于那些在花丛中飞舞的蜜蜂、蝴蝶，在树叶上爬动的小虫，颜色美丽、争相斗艳的花朵，都可以在微距镜头下表现的淋漓尽致。通过微距镜头，我们不但可以像显微镜似的观察它们，还可以把这精彩的画面记录下来。

全息摄影

Holography 神奇的再现

20世纪80年代初，法国全息摄影展出，人们欣赏到了神奇莫测的全息摄影。墙头上，看来明明伸出了一只水龙头，举手拧一下，结果抓个空；一只没图像的镜框，可是当一束光射过来，框里就出现一位美丽的姑娘，她缓慢地摘下眼镜，向人微笑致意……

“全息摄影是指一种记录被摄物体反射波的振幅等全部信息的新型摄影技术。全息摄影采用激光作为照明光源，并将光源发出的光分为两束，一束直接射向感光片，另一束经被摄物的反射后再射向感光片。两束光在感光片上叠加产生干涉，感光底片上各点的感光程度不仅随强度等关系而不同。人眼直接去看这种感光的底片，会看到像指纹一样的干涉条纹，若用激光去照射它，人眼透过底片就能看到原来被拍摄物体完全相同的三维立体像。一张全息摄影图片即使只剩下一小部分，也能重现全部景物。

早在1948年，伽伯为了提高电子显微镜的分辨本领而提出了全息的概念，并开始全息照相的研究工作。1960年以后出现了激光，为全息照相提供了一个高亮度的光源，从此以后全息照相技术进入一个崭新的阶段。伽伯也因全息照相的研究获得1971年的诺贝尔物理学奖金。后来，伊夫·根特及其兄弟菲力普·根特大大发展了全息摄影技术。他们发明出名为“终极”的感光乳剂。它主要成分也是感光性和旋光性极好的溴化银颗粒，颗粒直径只有10纳米，是普通胶片上感光颗粒的1/10～1/100。这些微小的颗粒使“终极”能记录下细至纤毫的每一个细节，并在同一个感光层上同时记录下红、绿、蓝三色。

你也许会问：全息摄影和普通摄影有什么区别呢？普通照相把立体景物“投影”到平面感光底板上，照片没有立体感，

诺贝尔物理学奖获得者伽伯发明了全息摄影术

从各个视角看到的像完全相同。全息摄影能同时把光的三种属性全都捕捉到，通过激光技术，它能记录下光射到物体上再折射出来的方向，逼真地再现物体在三维空间中的真实景象，使我们从各个视角观察到立体像的不同侧面，犹如看到真实物体，具有景深和视差。如果拍摄并排的两辆“奔驰”汽车模型，当我们改变观察方向时，后一辆车被遮盖部分就会露出来。难怪人们在展览会会为一张“奔驰”汽车拍摄的全息图而兴奋不已：“见汽车的再现像，好像一拉车门就可以坐上‘奔驰’，太精彩了！”一张全息图相当于从多角度拍摄、聚集而成的许多普通照片，一张全息照片的信息含量相当1000张普通照片。

在一次学术会议上，伊夫·根特把自己制作的一幅蝴蝶的全息照片展示给大家。

全息摄影应用领域十分广泛。我们可以把一些珍贵的文物用这项技术拍摄下来，展出时可以真实地立体再现文物，而原物则妥善保存；大型全息图可展示轿车等各种三维广告；小型全息图可做成美丽装饰，它可再现多彩的花朵与蝴蝶等；模压彩虹全息图可成为生动的卡通片、立体邮票、装饰在书籍中，也可作为防伪标识出现在商标、证件卡、钞票上……近几年来，还有不少人穿上了印有全息图像的衣服。如果你穿上这种衣服站在阳光下，说不定胸前或帽子上就会“飘”出一朵花来。

以假乱真

在一次召开的全息摄影学术会议上，当获奖者发言并展示自己的作品时，在场所有专家都被那些几可乱真的图片迷住了，他们忍不住伸手去触摸作品中身着传统服装的小木偶，想要拭去正在吃甜饼的小姑娘嘴边的饼干屑，结果，只摸到一层薄薄的玻璃。

这是一张用脉冲全息技术拍摄的猫头鹰照片。

枪

Gun 战争之神

枪是战场上应用最为广泛的武器之一。它帮助人类实现了梦想，将人类的力量和影响扩展到能力所及的范围之外。同其他武器一样，枪是人类在正义与邪恶、文明与野蛮搏斗中的产物，它既是杀人武器，也是千百年技术文明的结晶。

枪的历史非常悠久。我国古代四大发明之一的火药，对于枪的发展起到了重要的推动作用。我国南宋时期，陈规发明了原始火药武器。他把火药装在毛竹筒里，作战时由两个人拿着，点着火药，用喷射的火焰烧杀。13 世纪，我国的火药经印度、阿拉伯，最后传到了欧洲并逐步发展起来。

1825 年，法国军官德尔文设计了一种枪管尾部带药室的步枪。这种枪械从枪口装入枪弹，称为“前装枪”。前装枪装填时枪管必须竖直，射手动作幅度大，容易暴露目标。所以就有人开始研制“后装枪”了。

1835 年，普鲁士人德雷泽研制成功了一种新型的后装枪——后装针发枪。这种枪在使用时，用枪机从后面将子弹推入枪膛。后装针发枪射速更高，而且射手能以任何姿势重新填子弹。到 1848 年，成为人们普遍使用的一种枪。

在滑铁卢战役中，前装枪在法军中被普遍使用。

毛瑟兄弟于 1865 年设计了一种枪机直动式步枪，称为

“毛瑟枪”。后来的步枪一直沿用毛瑟枪的结构原理。

19世纪60年代，正值美国南北战争期间。美国人加德林采用多枪管机械化装填的方法来提高射速，为枪向自动化发展做出了一定贡献。与此同时，另一种叫“斯潘塞”的连发枪在枪托上开了一个直通枪膛的洞，子弹从洞里填进去，借助洞中弹簧的力量弹进膛内。这种连发枪在作战中发挥了较大的威力。

马克沁和他发明的威力巨大的重机枪改变了战争的进程

1883年，英籍美国人马克沁发明了世界上第一支以火药燃气为能源来转动机构进行连射的机枪。后来，马克沁又发明了重机枪。这种机枪的理论射速约为每分钟600发，枪身重量27.2千克。

1903年，丹麦人麦德森研制的轻机枪问世了。麦德森机枪全重不到10千克，并且可以使用普通步枪子弹。在第一次世界大战中，轻、重机枪被称为“战争之神”，它使数百万人在射击声中丧失了性命。

第二次世界大战结束后，各国都转向轻重两用机枪的研制。可以说，两用机枪是二战以来枪械中的后起之秀。

“连珠枪”的故事

人们很早就认识到了射速的重要性。1674年，我国兵器制造家戴梓研制了世界上第一个能连续射击的“连珠枪”。连珠枪简化了装填速度，在性能上比连发喷射筒优越得多。它比西方国家发明的连发枪要早近两个世纪，直到1860年，英国人哥德林克才研制出单管连发枪。然而在腐朽没落的封建社会，这种在发展史上占有重要地位的连珠枪却没有得到进一步的发展，到乾隆当政的时候就散失了。

枪械中的最小成员是众所周知的手枪。16世纪初期，德国人基富斯发明了转轮发火手枪。这种手枪虽然易于操作，但成本很高。后来又出现了击发发火枪，这种枪操作不便，发射速度慢，不适合作战。手枪经过漫长的演变过程，到19世纪，一些新式手枪问世了。左轮手枪也称为转轮手枪，是美国人柯尔特在1835年发明的。这种手枪机构简单、反应灵活、使用安全，被各国广泛使用。

第一次世界大战以后，人们发现在步枪和手枪之间还应配备一种自动武器，来弥补两种步兵武器之间的空缺。冲锋枪就是为了满足这一需要问世的。早期的冲锋枪有效射程不超过200米，射击精度也差。二战以后，冲锋枪在结构上有了改进，在性能上也有了进一步的提高。现在的冲锋枪缩短了枪身，非常便于操作使用；射击时平稳，后坐力小，射击精度很高；使用方便，携弹量增加；结构轻巧，便于维修。现在的冲锋枪在向轻型化发展，必将成为枪械中的重要成员之一。

1835年，柯尔特发明了装有底火撞击与线膛枪管的左轮手枪。

潜艇

Submarine 隐蔽的水下战神

自古以来，人们就在海上航行、捕鱼、采集海中的植物。同样，人们为了保卫各自的领土，也会在海上发动战争。潜艇，作为一种新式武器出现，与船舶有所不同，它经历了极为曲折的过程。假如不是战争和鲜血，也许潜艇还不会过早问世。

早在公元前4世纪，波斯帝国就出现了最早的职业潜水者，专门从破损的沉船中打捞财宝。而在13世纪法国的一部《亚历山大历史》著作中，描述了亚历山大大帝（公元前356～前323）乘坐玻璃圆筒进行的一次非真实性的水下冒险。

美国人戴维·布什内尔建造了一艘单人驾驶、以手摇螺旋桨为动力的木壳潜艇“海龟”号，它能在水下停留约30分钟。

最早提出潜艇设想的是英国科学家威廉·伯恩，他在1578年设计了一艘完全密封、可以潜到水下并在水下滑行的船。整个船只是由木架构成，外面由防水皮革包裹着。下潜时，手钳收缩舷侧可以缩小船体的体积。但他并没能真正建造出这种潜艇。

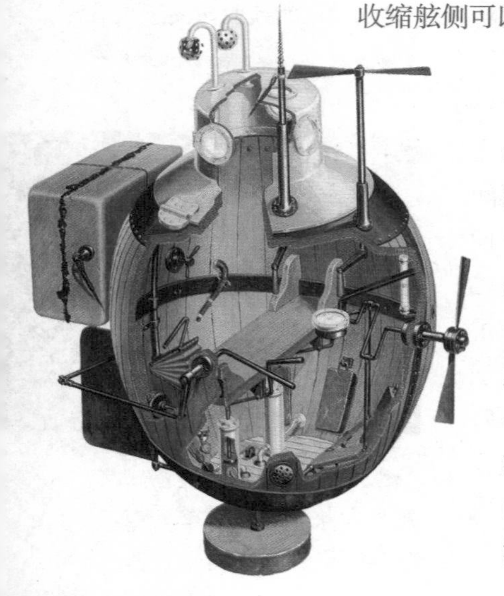

40年后，科尼利斯·德雷贝尔在英王詹姆斯一世的支持下，很快就制造出了世界上第一艘人力潜艇。在1620～1624年间，德雷贝尔进行了多次航行试验，证实了水下航行的可能性。

1775年，美国人戴维·布什内尔设计建成一艘单人驾驶的，以手摇螺旋桨为驱动力的木壳潜艇“海龟”号。它的沉浮通过排注海水来控制。在艇底还装有一圈重锤，危急时，可抛掉重锤迅速上浮。

1897年，美国籍的爱尔兰人约翰·霍兰在新泽西州造成一艘以汽油机为水面航行驱动力、以蓄电池电动马达为水下航行驱动力的双推进动力系统潜艇。

霍兰潜艇是现代潜艇的鼻祖，33千瓦的汽油机能使潜艇以7节航速在水面航行1852千米，电动马达则能使潜艇以5节航速潜驶92.6千米。潜艇上装有1座鱼雷发射管，携3枚鱼雷，首尾各置1门机关炮。霍兰因而得到了“现代潜艇之父”的称号。霍兰还主持研制出世界上第一艘双层艇壳的潜艇，而且完成了从美国诺夫克至纽约的航行，开创了潜艇进行公海远航的首次记录。

1898年，霍兰驾驶着他发明的潜艇从美国的帕特森航行到纽瓦克。

1939年，美国海军实验室的技术顾问罗斯·冈恩最早提出采用核能充当潜艇推进动力的大胆设想。他向美国海军当局呈递了第一份关于研制核能动力潜艇的报告，详细论证了这种新潜艇的巨大优势。但这时海军当局得到了德国正在研制原子弹的消息，冈恩博士的报告并没有引起充分重视。直到二战结束，美国当局才意识到冈恩博士报告的重要性。1946年初，美国海军精心挑选出里科弗等5名优秀军官送往著名的橡树岭核物理研究中心学习核技术。后来，里科弗成为著名的潜艇专家。1954年1月21日，美国海军建造了世界上第一艘核动力潜艇“鹦鹉螺”号。新建成的“鹦鹉螺”号在1955年1月17日进行了核动力推进的首次试航，创造出历时84小时航程为2408千米的当时世界潜航最高记录。

1960年，美国海军又建成“乔治·华盛顿”号战略导弹潜艇，使潜艇具备了核攻击能力；1982年10月，中国用潜艇在水下向预定海域发射运载火箭获得成功。这说明中国拥有自己独立开发研制的潜地弹道式战备导弹和战备导弹潜艇的能力；1996年，瑞典“哥特兰”号常规潜艇建成服役，它是世界上首艘AIP动力潜艇，标志常规潜艇又进入了一个新时代。

“隐蔽鳗鱼”号

1620年荷兰物理学家科尼利斯·德雷贝尔在英国建成了第一艘潜水船。这艘船用木质做骨架，外面包了层牛皮，船内装有很多羊皮囊。只要一只只打开皮囊，让海水流入，船身就开始下潜，一旦挤出皮囊中的海水，船身就上浮到海面。这艘潜水船形象地取名叫“隐蔽鳗鱼”号，但它实际上是靠人力摇桨前进，不具备实战价值，还不能叫潜艇。然而它毕竟证明了水下航行的可能性。

世界上第一艘核动力潜艇“鹦鹉螺”号

炸药

Explosive Material **威力无比的爆炸**

炸药就像一把双刃剑，既可用于和平，也可用于战争。大多数人都将炸药与死亡和战争造成的毁灭联系在一起。但是你知道吗？炸药也被人们广泛地用于焰火、矿山爆破等领域。在太平盛世，炸药提供了世界上最强大的、方便的能源。

若追溯炸药的历史，得从火药讲起。火药的主要原料是木炭、硝石和硫磺。这些基本原料很早就有了，但将它们配制成火药则是炼丹家的功劳。大约在公元 8 世纪，中国的火药配制技术传到了阿拉伯和波斯。阿拉伯人掌握了火药武器的使用。14 世纪初，阿拉伯人又将火药技术传给了欧洲，使欧洲历史发生了重大的改变。

1846 年，意大利人索布雷罗最先合成了硝化甘油，用火引发后，爆炸力强，巨大的岩石也能炸开，但使用时极不安全。

索布雷罗合成硝化甘油的消息对年轻的诺贝尔触动很大，他决心为硝化甘油寻找一种相宜的控制爆炸的方法。1862 年，诺贝尔开始着手制造液体炸药——硝化甘油。

在意大利一个炸药工厂里，女工在把硝化甘油和硅藻土混合起来，制造炸药。

在帮父亲研制高规格硝化甘油的过程中，诺贝尔反复进行试验，寻找能够引爆硝化甘油的方法。他先将少量硝化甘油放入玻璃管中，塞紧管口，再将玻璃管放到装满火药的金属管中，将两个管口封死，其中一个管口内插有导火管。诺贝尔将导火管引燃后，迅速扔到水中——沉闷的爆炸声证明了诺贝尔得到了他正在寻找的火药。

此时，诺贝尔希望能够制造出一种理想的引爆装置，既安全，又能发掘出硝化甘油强劲的爆破动力。诺贝尔锲而不舍地做着各种试验。在一次试验中，诺贝尔的弟弟不幸遇难。幸免于难的诺贝尔毫不畏惧，终于在1863年完成了第一项具有划时代意义的发明——雷酸汞引爆装置。雷酸汞的爆炸力和敏感度都很大，可以单独与烈性炸药、氯酸钾、硫化锑等混合使用，在受到碰撞或摩擦时都会引起爆炸。1864年，诺贝尔取得了这项发明的专利。

上图为“达那炸药”，“达那”一词在希腊语中是“强力”的意思。

诺贝尔的这一发明马上被应用于实践，在一条正在修的铁路工程中，雷酸汞的使用不仅大大加快了工程进度，而且还节约了几百万美元。1865年，诺贝尔建立了硝化甘油股份公司，这也是世界上第一家生产硝化甘油炸药的制造厂家。1867年，诺贝尔研制出了黄色炸药，并获得了发明权。黄色炸药的研制成功使得硝化甘油可以以更安全的方式生产，也更容易操作。1868年，诺贝尔发现将海底或湖底的硅藻土与硝化甘油按1∶3的比例混合，就形成了安全烈性炸药。新炸药的灵敏度大大低于高纯度的硝化甘油，但威力却比枪用火药高3倍，他将这种炸药命名为“达那炸药”。后来诺贝尔又发现，硅藻土是一种惰性物质，在和硝化甘油混合后，虽然降低了硝化甘油的灵敏度，但同时也使炸药的威力大大降低了。所以诺贝尔希望能够找到一种硅藻土的替代品。

1875年，诺贝尔偶然发现硝化甘油能够溶于火棉胶而成为胶体，这种胶物质能很好地保留爆炸力，但却没有硝化甘油所固有的那种不稳定性。更主要的是，它生产成本低。诺贝尔为它起名“爆炸胶”。1879～1888年，经过近9年的时间，诺贝尔冒着更大的危险，再次向世人显示了他的才华——他发明了无烟炸药。在世界炸药史上，诺贝尔成了无人能及的“炸药大王”。

诺贝尔奖

诺贝尔奖创立于1901年，它是根据瑞典著名化学家、硝化甘油炸药发明人阿尔弗雷德·贝恩哈德·诺贝尔的遗嘱以其部分遗产作为基金创立的。诺贝尔奖包括金质奖章、证书和奖金支票。诺贝尔在其遗嘱中规定，该奖应每年授予在物理学、化学、生理学或医学、文学与和平领域内“在前一年中对人类作出最大贡献的人”，瑞典银行在1968年增设一项经济科学奖，1969年第一次颁奖。

名人名言

我看不出我应得到任何荣誉，我对此也没有兴趣。

——诺贝尔

坦克

Tank 陆战之王

坦克，集攻防优势于一身。第一次世界大战期间，这种巨大的“钢铁怪物”突然出现在硝烟弥漫的战场上，冒着枪林弹雨，从容不迫地穿越沟壑、压垮铁网、口吐“火舌”，将敌方的工事践踏得支离破碎，显示出巨大的威力。

1914年6月28日的萨拉热窝事件，成为第一次世界大战爆发的导火线。在这场无法避免的战争中，机枪和火炮的大量使用，使战场变得异常残酷。尸横遍野的惨状也使英国的军事家欧内斯特·斯温顿上校心中极为沉重。看来，要面对敌军的机枪、火炮，又要能突破铁丝网和战壕，必须发明出一种全新的战斗武器。

经过一番苦思冥想，斯温顿心中冒出了一个大胆的念头：将一种较先进的履带式拖拉机装上钢铁外壳，宽大的履带使它在松软泥泞的地上畅行无阻，履带上凹凸不平的花纹可增加与地面的摩擦力，不容易打滑，此外，履带就像个大轮子，车体有多长，轮子就有多大。只要壕沟的宽度小于履带着地长的一半时，就可以轻松地涉水过河。在当时英国海军大臣邱吉尔的支持下，斯温顿上校和克劳姆普顿上校开始了新战车的研制。

引燃第一次世界大战战火的萨拉热窝事件发生以后，德、奥决定以此为借口挑起战争。

1915年8月，世界上第一辆坦克“小游民”终于在英国诞生了。它是由一台拖拉机配上加长的履带和钢板改制而成的。虽然“小游民”使所有观看者心头振奋，但若要它上战场参战，似乎还需要进行一些改进和完善。

1916年1月30日，第二辆坦克“大游民”问世了。这辆28吨重的庞然大物可以毫不费力地爬出深深的弹坑，面对纵横交错的铁丝网，“大游民”就像人们用手掌在桌上搓着一团棉花般轻松地将它们死死压在地上。在接下来的打靶项目中，“大游民”也表现出色。半年之内，英国共造出了49辆这样的

上图为世界上第一辆坦克“小游民”。它实际上是用拖拉机配上加长履带并附加上钢板改制而成的。

达·芬奇的“坦克”

世界上第一辆比较像坦克的战车，出自于意大利文艺复兴时期著名的画家达·芬奇之手。他设计的“坦克”，台阶上装配有大炮，内有8个人用曲柄和齿轮来推动它。车上横着根“T”形木棒，木棒两端用结实的皮带系住两根粗木棒。车一动，“T”形木棒便带动粗木棒运动，而敌人则会被飞旋的木棒击倒。以机械为动力，车上装着大炮，这一切与现代坦克有着极为相似之处。

战车，为了蒙蔽间谍，英国人将这些像运水车的大型车辆，戏称为“TANK”——水柜或大容器的意思。没想到，“坦克”这两字从此便被一直沿用。

坦克刚一问世，便被投入到索姆河战役中。首次出现在战场上的是“陆地巡洋舰”MK1 型坦克，这个突如其来的钢铁怪物仅用两个半小时，就占领了大片德军阵地。在之后的战役中，德军只要一听见远处的坦克轰鸣声，便会不顾一切地夺路而逃。

第二次世界大战时，英国的“马蒂尔达”“巡洋”“十字军”；法国的“雷诺”R−35 轻型、“索马”S−35 中型；前苏联的 T−26 轻型、T−28 中型；德国的 RzkpfwⅢ等坦克先后问世。这些坦克比早期的坦克先进了许多，最大时速可达 20～43 千米，最大装甲厚度 25～90 毫米，火炮口径多为 37～47 毫米。看来，坦克的确无愧于“陆战之王”的美称。

今天，坦克在人们不断地创新与改进下，已经拥有了一个庞大的家族，其成员有重型坦克、中型坦克、轻型坦克、侦察坦克、架桥坦克、扫雷坦克、水陆两栖坦克、隐形坦克……这些形形色色的坦克是机械化部队的重要技术装备，如今已成为衡量一个国家陆军发展水平的重要标志。

“虎”1坦克是一种典型的旋转炮塔式坦克，炮塔扁平，采用液压驱动，转速很慢，一旦发动机停转，就只能采取手动转向。

雷达

Radar 洞察秋毫的“千里眼”

什么样的波既有光波的速度，又能穿云破雾，并能被目标反射回来呢？人们发现无线电波是最为理想的物质。因此，有人研制出一种能发射和接收无线电波来完成搜索和探测任务的设备，这就是雷达。

1922年的秋天，美国海军军官泰勒和杨格在一条河边做无线电通讯试验，杨格在河的一边发送密码，泰勒则在对岸的一辆汽车里，头戴耳机全神贯注地收听着节奏均匀的发报声，突然，耳机里的声音变得越来越小，最后耳机里竟一点声音也听不到了。泰勒伸出头向对岸张望，只见一艘轮船正行驶在河上，船身挡住了视线。当船驶过之后，他的耳机里又一次传来了清晰的发报声。难道是船把电报信号挡住了？泰勒立即通过发报机向杨格通报了自己的想法。于是，两人决定把这个现象弄个明白。经过多次试验，他们发现每当有船经过时，无线电信号就会被船身反射回来。作为海军军官，泰勒和杨格马上想到这个现象可以用于海战。于是，雷达的概念诞生了。

沃特森·瓦特是英国著名物理学家，也是第一位实用雷达系统的设计者。

1934年，英国人沃特森·瓦特受命担任英国皇家无线电研究所所长，负责对地球大气层进行无线电科学考察。一天，他像往常一样坐在荧光屏前观察接收回来的电磁波图像，突然，他的目光被荧光屏上的一连串亮点吸引住了。原来这些亮点是被附近一座高楼反射回来的无线电信号。这一发现使他很兴奋，能否利用这一点来发现正在空中飞行的飞机呢？要知道，在当时的技术条件下，除了看见飞机和听见飞机的声音之外，还没有一种能提前发现飞机的方法。那时，大战的阴云已密布欧洲，英国正加紧发展防空力量，英国空军还专门找了一批听觉灵敏的盲人来用耳朵搜寻敌机。当瓦特将自己的发现和想法写成报告后，空军部如获至宝，立即下令拨款试验，一个月后，雷达就装配好了。

1935年2月26日，瓦特将雷达装在载重汽车上进行了试验。当试验飞机从15千米外的机场起飞，向载重汽车方向飞来时，雷达上的无线电波同时发射出去。当飞机飞到12千米处时，无线电接收装置果然收到了信号。世界上第一台雷达试制成功了。后来，瓦特把自己无意中发现的荧光屏显示障碍物的现象用在雷达上，用荧光屏代替了原先的接收装置。这样，监控人员可以直接从荧光屏上发现目标，比用耳机监控更为有效。到1938年秋季，慕尼黑会议召开之际，雷达站已投入运转。

二十世纪五六十年代，航空与空间技术迅速发展，超音速飞机、导弹、人造地球卫星以及宇宙飞船等，都以雷达作为探测和控制的主要手段。特别是20世纪60年代中期研制的反洲际弹道导弹系统，使雷达在探测距离、跟踪精度、分辨能力以及目标容量等方面获得了进一步的提高。20世纪70年代以来，雷达采用了数字计算机，脉冲多普勒和光电（电视、红外、激光）等先进技术成果，使新一代雷达能自动探测目标并录取传递其数据，自动检查与指示雷达部件的故障，自动改变雷达技术参数，更适应目标特性和干扰环境。目前，雷达的工作频段的电磁频谱在不断扩展，其小型化、自动化、多功能程度也在不断提高。

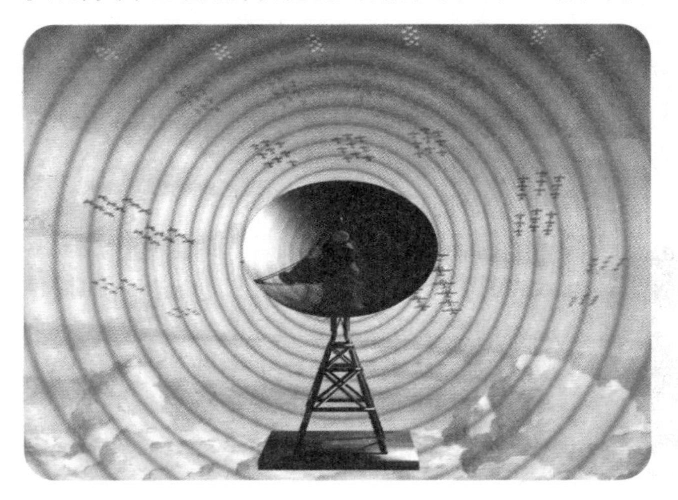

科研人员在电脑荧光屏前观察雷达信号系统反馈回来的信息

小雷达，立大功

1940年9月15日，疯狂的希特勒集中500架德国飞机偷袭伦敦，企图让这座著名的城市从地图上消失。可是，德国法西斯的飞机还没有进入英国领空，就遭到英国歼击机和地面炮火的攻击，结果有105架飞机被击落。当希特勒听到这个战报时，气急败坏：为什么飞机会早早地被他们发现呢？为什么他们能准确地把飞机逐个击落呢？这当然要归功于雷达的发明，是它粉碎了希特勒的阴谋，保住了伦敦这座美丽的历史名城。

雷达的优点是白天黑夜均能探测远距离的目标，且不受雾、云和雨的阻挡，具有全天候、全天时的特点，并有一定的穿透能力。因此，它不仅成为军事上必不可少的电子装备，而且广泛应用于社会经济发展和科学研究。

原子弹

Atom Bomb 毁灭力最大的核武器

如今，原子弹使整个社会面临着被核战争毁灭的威胁，这些已经成为全人类都在关心的一个问题。但是，原子能被人们所认识，却是从原子弹这种武器开始的。在这个广为人知的发明背后，一大批默默无闻的科学天才在不辞辛苦地工作着。

科学家投入了大量的精力研究原子能，原本是为了寻求一种新型能源，由于第二次世界大战期间的军备竞赛这个不和谐音符的出现，原子弹才被发明出来。

早在1934年，美国物理学家费米在用中子轰击铀原子的试验中，得到后来被他命名为超铀的元素，并首创了β衰变定量理论，从而为原子能的研究奠定了基础。费米也因此在1938年12月获得了诺贝尔物理学奖。

1939年，德国的两位科学家哈恩和斯特拉斯曼用化学方法检验了费米的试验，他们发现：用中子轰击铀原子，只能得到地球上已存在的钡。钡的重量略高于铀的一半，这是无法用原子核的衰变来解释的。因此，两位科学家便提出了裂变理论。

裂变理论诞生时，费米正在外出途中。当他从杂志上看到这一惊人消息后，马上返回到哥伦比亚大学物理实验室。他用精密的试验验证了裂变理论的正确性，进而建立了整套“链式反应”的基本概念和基础理论。

1945年8月6日，美国向日本广岛投下了世界上第一颗原子弹“小男孩”。这一次的爆炸给日本带来了严重的灾难。

就这样，费米用自己的辛勤工作换来了人类科学史上又一个划时代的进步。铀核反应的试验成功及其基础理论的产生，为后来原子弹的试制成功提供了可靠的理论依据。1942年，费米领导了世界上第一座原子核反应堆的建设和试验工作，成为原子能事业的

先驱之一！

原子能事业的另外一位先驱当数匈牙利物理学家西拉德。早在 1933 年，他就曾预见，链式反应一旦实现，其释放的巨大能量很可能用来制造杀人武器。第二次世界大战爆发后，西拉德意识到要是让希特勒这样的战争狂人拥有了原子弹，那么，人类的未来将不可想象！

1939 年 8 月，西拉德和其他两位物理学家在爱因斯坦的帮助下，委托罗斯福总统的朋友和顾问萨克斯请求美国政府支持研制原子弹的工作。12 月 6 日，美国政府大量拨款研制原子弹。并成立了一个军政委员会，实施制造原子武器的计划，该计划被命名为“曼哈顿工程”。

1943 年 4 月 15 日，原子弹的综合实验室正式投入运行。奥本海默及费米、劳伦斯等人开始通过不同的实验方式尝试获取铀 235，同时，让工程师开始着手设计原子弹。

1945 年 3 月，有关原子弹的所有重要物理研究都已接近完成，奥本海默宣布实施“三一计划”。7 月 4 日，进行原子弹爆炸试验，8 月 1 日完成装配第一颗原子弹。

然而，在这紧要关头，许多事情并未尽如人意，炸药雷管性能达不到可靠性的指标，裂变材料的供应跟不上进度，加之整个 7 月份风雨交加，根本无法试验。杜鲁门为了在 7 月 15 日的美、英、苏最高首脑会议上以手中的原子弹作为砝码调节战后的大国格局，要求原子弹无论如何在 7 月 14 日前试验成功。奥本海默凭着对国家的忠诚和对事业的执着，在极度焦虑和兴奋中度过了整个春季。7 月 16 日早上 5 点半，一颗安放在铁塔上的试验原子弹终于抢在暴风雨来临前爆炸了。这颗原子弹的威力，要比科学家们原先的估计大出了近 20 倍。

从此原子弹正式登上了历史舞台。时至今日，它给全世界所带来的核战争威胁都是巨大的。

潜在的担心

原子核在发生核裂变时，释放出的原子能是十分剧烈的，而且并非一般人所能承受。当第一颗原子弹在美国爆炸成功时，曼哈顿工程负责人之一、著名科学家奥本海默在核爆观测站里感到十分震惊，他突然意识到原子弹并不仅是科学之神的象征，同时也是死神的象征。为了弥补这一切，奥本海默开始向政府和科学界推行他的核控制思想。1946 年，由奥本海默策划并参与起草的《艾奇逊—利连撒尔报告》，提出了原子能的和平利用及国际控制问题。

原子弹爆炸升起的蘑菇云

导弹

Missile 最有利的突击武器

它在现代武器中大名鼎鼎，它的起源与中国发明火药和火箭密切相关。南宋时期，中国火箭技术已开始用于军事。约13世纪，火箭技术传入阿拉伯及欧洲国家。20世纪30年代末，德国开始研究，并促成了它的发明——导弹。

导弹是“导向性飞弹”的简称，任务是在打击目标附近引爆并毁伤目标或依靠自身动能直接撞击目标以达到毁伤效果。简言之，导弹是依靠自身动力装置推进，由制导系统导引、控制其飞行路线，并导向目标的无人驾驶武器，具有射程远、速度快、精度高、杀伤破坏性大等特点。

德国科学家冯·布劳恩于二战期间，主持研制出了导弹。

1912年3月23日，冯·布劳恩出生于德国东普鲁士的维尔西茨。他的父亲是德国农业大臣，对天文和火箭极有兴趣。少年布劳恩就有很强的实验精神。有一天傍晚，柏林使馆区内的蒂尔加滕街，宁静的气氛被爆炸的巨响打破，浓烟从街心冲天而起，警察抓住了一个13岁的男孩。原来这个男孩用6支特大焰火绑在他的滑板车上。导火索点燃后，滑板车失控飞了出去。这个男孩就是——布劳恩。他的父亲很生气，把他关在书房里，但他却津津有味地读起著名科学家奥伯特的《通向航天之路》。

V-2导弹的前缀“V”是德文“复仇”一词的第一个字母。看来，德国当时幻想用这种秘密武器来挽回战场上的败局。

后来，布劳恩进入柏林大学，成为奥伯特的学生。1932年，布劳恩大学毕业，还获得了飞机驾驶执照，并受聘为多恩伯格的主要助手。22岁时，布劳恩获得柏林大学物理学博士学位。年仅25岁时，布劳恩进入佩内明德大型火箭试验基地，并任

技术部主任，领导火箭的研制。

第二次世界大战期间，冯·布劳恩主持研制出了德国的“V-2”导弹，当时又叫“飞弹”。“V-2”在工程技术上实现了宇航先驱的技术设想，对现代大型火箭的发展起了承上启下的作用，成为航天发展史上一个重要的里程碑，直至今天，人们也公认它是现代火箭、导弹的鼻祖。从 1944 年 8 月到 1945 年 2 月，共生产 3000 多枚“V-2”导弹。其中，1944 年 9 月，有 1300 枚“V-2”导弹飞过海峡，对雾都伦敦突袭，炸死近万人，炸毁建筑物无数，一度英国朝野上下人人谈之色变。

冯·布劳恩在美国时的照片

第二次世界大战以后，冯·布劳恩作为“头脑财富”来到美国。1956 年，任美国陆军导弹局发展处处长。他先后研制成“红石”“丘比特”“潘兴式”导弹。其中“丘比特”C 型火箭，是美国第一颗人造卫星发射成功的关键保障。

随着科技的不断进步，现代导弹在性能、质量、种类方面已经有了突飞猛进的发展。面对尖锐激烈的国际斗争环境，为了维护国家的独立与领土完整，为了自卫，中国自 20 世纪 50 年代末开始研制导弹。1966 年进行了首次导弹核武器试验；1980 年成功地发射了洲际弹道导弹；1982 年成功地发射了潜地导弹；1999 年发射了新型车载远程地地战略弹道导弹……目前，中国已经研制并装备了不同类型的中远程、洲际战略弹道导弹及其他多种类型的战术导弹。

“潘兴”Ⅱ导弹

密切的联系

导弹的起源与火药和火箭的发明密切相关。火药与火箭是由中国发明的。12 世纪中叶，火箭技术开始用于军事，出现了最早的军用火箭；约在 13 世纪，中国火箭技术传入阿拉伯地区及欧洲国家；18、19 世纪火箭武器进展不大，直到 1926 年，美国才第一次发射了一枚无控液体火箭；20 世纪 30 年代，由于电子、高温材料及火箭推进剂技术的发展，为火箭武器注入了新的活力；20 世纪 30 年代末，德国开始火箭、导弹技术的研究，并建立了较大规模的生产基地。

航空母舰

Aircraft Carrier 海上霸王

航空母舰是一座浮动式的小航空站，即使在远离国土的情况下，仍能携带着战斗机以及轰炸机执行任务，掌握战争主动权。如今，它已当之无愧成为海空战场的新一代海上霸王。

美国海军"CVN-68尼米兹"号航空母舰，该舰属美国"尼米兹"级核动力航空母舰。

航空母舰，是一种可以提供军用飞机起飞和降落的大型水面舰艇。它以舰载机为主要作战武器。依靠航空母舰，一个国家可以在远离其国土的地方、不依靠当地的机场情况下施加军事压力和作战。

在航空母舰最初的研制发明中，飞机在航母上的起降研究是重要方面，为此，科研人员和航天员付出了艰苦的努力。

1910年底，美国"伯明翰"号轻巡洋舰上，在狂风军舰停泊的条件下，驾驶员尤金·伊利决定在上面强行起飞，以完成试飞任务。飞机顺利地发动了，但由于滑跑距离太短，它未能达到应有的起飞速度。刚一离开飞行甲板，便因升力不足而越飞越低，几乎是径直向海面冲去。关键时刻，伊利沉着巧妙地

飞行员尤金·伊利驾驶"柯蒂斯"飞机，从经过改装的轻型巡洋舰"伯明翰"号上徐徐拉起，升入空中。当时的改装极为简单，只是在舰首加装了长25.3米、宽7.3米的木质跑道。

操纵飞机的尾水平舵，终于在飞机扎进大海前的一刹那将它拉了起来。然后，飞机又在海面上飞行了几千米，最后在海滩附近的一个广场上安全着陆，观看的人群中爆发出了热烈的欢呼。

“小鹰”级航母是航空母舰发展史上最大、最先进的一级常规动力航母；“肯尼迪”号航母是美国历史上最后一艘常规动力航母。

这是人类首次驾驶飞机从一艘军舰上起飞，这次壮举为航空母舰和海军航空兵的发展迈出了艰难的第一步。

两个月之后，飞机降落试验在美国西海岸的旧金山的重巡洋舰“宾夕法尼亚”号上进行。试飞员仍然是尤金·伊利，这一天又是“天公不作美”，风浪很大，舰长临时决定让舰尾朝着迎风方向，面对考验，伊利又一次显示了英雄本色。他操纵飞机迅速降低高度，然后对准舰上跑道果断俯冲下来。飞机急剧冲上跑道，伊利马上向上拉起机头，并关闭了飞机发动机。最终在距跑道终端约 9 米的地方停了下来。

这两次试验是航空母舰发展史上的里程碑，它证明飞机完全可以从军舰上起飞和降落并执行战斗任务，它奠定了航空母舰作为一种新型战舰的生存基础，为航空母舰即将正式走上历史舞台，拉开了帷幕。

此后，许多发达国家在航母领域进行了深入研究和发展。目前，美国拥有世界上最多最大的航空母舰，其他国家的航空母舰比美国的都小得多。美国目前共拥有“尼米兹”级和“企业”级在内的 11 艘现役大型航母。“尼米兹”号航母满载排水量超过 10 万吨，作为世界上最大的军舰之一，它由 2 座核反应堆和 4 座蒸汽轮机推动，全长 332.8 米，载员 3200 人，该舰艇价值 50 亿美元，每月的开支需要至少 1300 万美元。在这 11 艘航母中，“尼米兹”级占了 10 艘。

到目前为止，世界上一共有 9 个国家拥有服役航空母舰，分别是美国、英国、法国、俄罗斯、意大利、印度、西班牙、巴西以及泰国。

20 世纪 80 年代以来，中国共购买了 4 艘退役航母，航空母舰对包围海上权益有着不可代替的作用，在不远的将来，中国的海域上也许会出现自行研制的航母的身影，保卫祖国。

海上巨兽

美国的“尼米兹”级是目前世界上排水量最大、载机最多、现代化程度最高的航空母舰。它可以在其周围方圆近千千米的海面上布雷，实施海上封锁；拥有导弹、火炮、电子对抗系统、“海麻雀”导弹发射装置等强大的防卫体系；2 台核反应堆可以提供几乎是无限期的续航能力；4 台超大功率汽轮发电机提供的电力可满足 10 万人口城市的需求；4 台海水淡化装置每天提供 1818440 升淡水……这些装备使“尼米兹”成为名副其实的海上巨兽。